创新引领 打造精品
——长距离输水工程建设创新与实践

黄智刚 等 编

中国水利水电出版社
www.waterpub.com.cn
·北京·

内 容 提 要

工程技术创新与实践成果的积累，是科技持续创新的基础，是水利工程技术发展最大的推动力，具有极其重要的意义。本书将国家 172 项节水供水重大水利工程之一福建省平潭及闽江口水资源配置工程建设管理的创新与实践进行集纳，以论文的形式对工程建设实践过程中出现的问题进行专题研究、分析和阐述，并揭示这些问题解决的方法。主要包括长距离顶管技术、隧洞爆破技术、输水隧洞施工技术三部分内容。

本书可供从事水利水电工程建设的科研、技术及管理人员参考，也可供大专院校相关专业师生阅读。

图书在版编目（ＣＩＰ）数据

创新引领 打造精品：长距离输水工程建设创新与
实践 / 黄智刚等编. -- 北京：中国水利水电出版社，
2021.6
　ISBN 978-7-5170-9813-3

　Ⅰ．①创… Ⅱ．①黄… Ⅲ．①长距离－输水－水利工
程－文集 Ⅳ．①TV672-53

中国版本图书馆CIP数据核字(2021)第157317号

书　　名	创新引领　打造精品——长距离输水工程建设创新与实践 CHUANGXIN YINLING　DAZAO JINGPIN——CHANG JULI SHUSHUI GONGCHENG JIANSHE CHUANGXIN YU SHIJIAN
作　　者	黄智刚　等编
出版发行	中国水利水电出版社 （北京市海淀区玉渊潭南路 1 号 D 座　100038） 网址：www. waterpub. com. cn E - mail：sales@waterpub. com. cn 电话：(010) 68367658（营销中心）
经　　售	北京科水图书销售中心（零售） 电话：(010) 88383994、63202643、68545874 全国各地新华书店和相关出版物销售网点
排　　版	中国水利水电出版社微机排版中心
印　　刷	北京中科印刷有限公司
规　　格	184mm×260mm　16 开本　8 印张　207 千字　8 插页
版　　次	2021 年 6 月第 1 版　2021 年 6 月第 1 次印刷
定　　价	**50.00 元**

凡购买我社图书，如有缺页、倒页、脱页的，本社营销中心负责调换

领 导 关 怀

　　福建省平潭及闽江口水资源配置工程是国家重大水利工程，是民生工程。自开建以来，该工程得到了水利部、福建省水利厅、福建省水利学会等各级领导的关心和支持。各级领导的厚爱，为工程高质量建设提供了有力保障。

2018 年 6 月，时任水利部总工程师刘伟平到项目调研

2019 年 3 月 28 日，水利部专家到项目进行质量安全巡查

2019 年 8 月 16 日，太湖流域管理局太湖流域水土保持监测中心站调查项目水土保持工作情况

中国水利工程协会副秘书长任京梅和专家到项目调研并召开座谈会

福建省水利学会理事长连伟良到项目调研

2021 年 3 月 4 日，福州市水利局领导到项目视察

福州市水务集团陈宏景董事长到项目调研（一）

福州市水务集团陈宏景董事长到项目调研（二）

业主董事长王振宇到项目调研

福建省水利学会平潭引水工程创新驱动服务站授牌仪式

建设风采

　　福建省平潭及闽江口水资源配置工程建设需要跨越海峡、铺设管道、穿越隧洞，工程技术复杂，建成后总受益人口达580万。为让工程早竣工、早运行、早见效，各参建单位挂图作战、攻坚克难，紧紧抓住关键节点和重要环节，采取有力措施、加大创新力度、加快施工进度。工程建设者心怀"国之大者"，乐其业、负其责、精其术、竭其力，全力以赴打造具有精品、优质双重特性的一流工程。

土建1标溪坪支洞

土建1标溪坪支洞内一片忙碌

土建4标岭脚支洞

土建4标岭脚支洞内的炮孔痕迹

土建 4 标项目首段隧洞贯通

2019 年 5 月 6 日，土建 3 标长乐 2 号井顶管始发

土建 3 标长乐 1 号井内钢管连接

土建 3 标城门 5 号井顶管顶进

土建 4 标出水渠道钢筋混凝土护坡浇筑

土建 4 标出水渠道模袋混凝土浇筑

土建 4 标出水渠道土方开挖

土建 4 标东张出水渠道模袋混凝土浇筑

土建 4 标洞内钢筋绑扎

土建 4 标工区标准化建设

土建 4 标工人在架设钢拱架

土建 4 标工人在进行初期支护

土建 4 标工人凿岩

土建 4 标喷射混凝土施工

土建 1 标砂袋围堰填筑

土建 1 标溪坪支洞上游隧洞贯通

土建 1 标竹岐支洞上游隧洞贯通

土建 1 标隧洞开挖班前准备

土建 4 标隧洞光面爆破效果

土建 3 标金水湖支线顶管机头 (DN2420)

土建 3 标城门 5 号井顶管应力检测设备安装

2020 年 11 月 10 日，土建 3 标成立硬岩顶管段党员技术攻关联合突击队

2019 年 5 月 6 日，土建 3 标长乐 2 号—1 号井顶管首发仪式

2020 年 6 月 15 日，土建 3 标城门支线 4 号—3 号井顶管顺利贯通

土建 1 标奋战 150 天冲刺年度任务

土建 1 标技术工作交流会

土建 1 标施工方案专家评审会

土建 3 标城门 5 号顶管应力现场监测

土建 4 标获得福州市总工会颁发的流动红旗

土建 1 标获得福州市总工会颁发的流动红旗

土建 4 标项目部举行防汛应急演练

土建 4 标项目部安全生产知识竞赛

土建 4 标项目部举行触电应急演练

土建 3 标城门 5 号联合创新部署会

土建 1 标施工单位领导慰问建设者

土建 1 标组织开展党建活动

土建 4 标组织业余篮球赛

土建 1 标项目部

土建 4 标项目部

主要作者简介

黄智刚（1977—），男，博士研究生，福建周宁人，高级工程师。国家 172 项节水供水重大水利工程之一福建省平潭及闽江口水资源配置项目总工程师；福建省水利学会理事，平潭引水工程创新驱动服务站站长；福州大学土木工程学院水利工程专业学位硕士研究生导师。长期从事水利工程、地下工程的设计与研究工作。

徐先锋（1970—），男，大学学历，工程硕士学位，安徽安庆潜山人，高级工程师。核工业井巷建设集团有限公司常务副总经理。长期从事水利工程、市政工程、地下工程的施工管理与研究工作。

杨攀（1988—），男，大学本科，福建莆田人，工程师。国家 172 项节水供水重大水利工程之一福建省平潭及闽江口水资源配置工程第 1 标段项目经理部技术负责人；平潭引水工程创新驱动服务站副站长。长期从事水利工程、地下工程、公路工程的施工管理与研究工作。

吕虎波（1987—），男，大学本科，河南淅川人，工程师。国家 172 项节水供水重大水利工程之一福建省平潭及闽江口水资源配置工程第 4 标段项目副经理；平潭引水工程创新驱动服务站副站长。长期从事水利工程、地下工程的施工管理与研究工作。

艾慧（1981—），男，硕士研究生，湖南益阳人，高级工程师。国家 172 项节水供水重大水利工程之一福建省平潭及闽江口水资源配置工程第 3 标段项目经理；平潭引水工程创新驱动服务站副站长。长期从事一线水利工程、市政工程、地下工程的施工管理与研究工作。

李佳（1991—），男，硕士研究生，河南新乡人，工程师。国家 172 项节水供水重大水利工程之一福建省平潭及闽江口水资源配置工程第 4 标段项目副总工程师。主要从事水利工程、地下工程的施工管理与研究工作。

黄青山（1991—），男，大学本科，四川富顺人，工程师，国家 172 项节水供水重大水利工程之一福建省平潭及闽江口水资源配置工程第 1 标段项目经理部工程技术部部长。主要从事水利工程、公路工程的施工管理与研究工作。

房传新（1985—），男，大学本科，安徽淮北人，高级工程师。国家 172 项节水供水重大水利工程之一福建省平潭及闽江口水资源配置工程第 1 标段项目经理部安全总监。长期从事高速公路、市政、水利工程的施工管理与研究工作。

李瑞（1989—），男，大学本科，山西临汾人，工程师。国家 172 项节水供水重大水利工程之一福建省平潭及闽江口水资源配置工程第 1 标段项目经理部副总工程师兼测量队长。长期从事工程施工管理与研究工作。

刘宣（1991—），男，大学本科，四川宣汉人，工程师。国家 172 项节水供水重大水利工程之一福建省平潭及闽江口水资源配置工程第 1 标段项目经理部架子队队长。主要从事地铁工程、隧道工程的施工管理与研究工作。

前　言

　　东进南下，福州向海。随着福州新区、自由贸易试验区、滨海新城陆续落地，福建省省会城市福州的城市框架不断向海舒展延伸，"跨江面海"的"大福州"应运而生。与区域跨越发展极不匹配的是越发匮乏的水资源。在平潭综合实验区，平潭岛人均水资源占有量仅为481m³，属绝对贫水区。居民用水除依靠三十六脚湖水库外，还得取用地下水，远远不能满足中长期的发展需求。

　　伴随着"大福州"规模化的开发建设，以及这一区域人口的不断增长，闽江口城市经济圈面临的水资源紧缺问题越发严峻。福建省平潭及闽江口水资源配置工程正是在这一背景下拔地而起。

　　福建省平潭及闽江口水资源配置工程包括"一闸三线"。1座枢纽水闸，即大樟溪莒口水闸，它是工程的主要水源。3条引输水线路，即北线从闽江竹岐段引水至大樟溪莒口水闸，补充莒口水库枯水期的水量；中线从莒口水闸至闽侯县三溪口水库和青口镇、南通镇，然后到达长乐市；南线从莒口水闸至福清东张水库、平潭三十六脚湖。

　　"一闸三线"输水线路全长约181km，其中福州段线路长约168km。工程总投资61.6亿元，被列入全国172项节水供水重大水利工程。通水后，项目年平均供水量将达7.89亿m³，总受益人口达580万，可解决平潭及闽江口南岸城市群的缺水问题，保障这一地区用水安全。

　　福州市水务投资发展有限公司及福建省水利投资集团有限公司等7家单位共同组建福州水务平潭引水开发有限公司，作为项目业主单位，肩负起"一闸三线"工程建设重任。

　　通过100多千米的长距离"运输"把大樟溪清澈的水源安全送达各输水地，工程建设和管理是一项艰巨而又繁重的任务。从动建伊始，打造"精品"与"优质"兼备的一流工程，早竣工、早运行、早见效，成为福州水务平潭引水人坚定不移的目标。

　　福建省平潭及闽江口水资源配置工程需要跨越海峡、铺设管道、穿越隧洞，工程技术复杂。为破解工程建设管理一系列难题，推动工程建设优质高效进行，福州水务平潭引水开发有限公司特向福建省科学技术协会申请成立了福建省水利学会平潭引水工程创新驱动服务站，依托福建省水利学会平台，与相关设计科研单位，并联合高校广泛开展科学研究、技术开发和成果转化。

在几年的建设过程中，参建单位坚持以创新促建设，用心打造精品工程，形成了丰富的科技创新成果。参建的工程技术人员在实践的基础上，以论文的形式对工程建设实践过程中出现的问题进行专题研究、分析和阐述，揭示这些问题解决的方法。

工程技术创新与实践成果的积累，是科技持续创新的基础，是水利工程技术发展最大的推动力，具有极其重要的意义。此次出版的《创新引领 打造精品——长距离输水工程建设创新与实践》一书将福建省平潭及闽江口水资源配置工程建设管理的创新与实践以及技术亮点集纳，以供广大工程技术人员交流经验、分享成果。

福建省水利学会平潭引水工程创新驱动服务站硕果累累，得益于福建省水利学会的大力支持和指导，得益于参与建站的施工企业中铁十七局集团第六工程有限公司、核工业井巷建设集团有限公司与宏润建设集团股份有限公司（联合体）、浙江省隧道工程集团有限公司的艰辛努力，在此致以衷心感谢！

由于编者水平有限，论文集中难免存在不足之处，敬请广大专家、读者不吝赐教。

编者

2021 年 6 月

目录

长距离顶管技术

平潭及闽江口水资源配置工程创优思路探讨

黄智刚　吕　会

（福州水务平潭引水开发有限公司，福建福州　350000）

摘　要： 工程创优对于促进工程质量的不断提高、推动水利行业的发展意义重大。本文以福建省平潭及闽江口水资源配置（一闸三线）工程（福州段）为例，从项目法人角度提出了确保工程质量安全是创优前提，落实目标责任制、建立健全组织机构是创优保障，建立健全质量管理制度是创优保证，过程精细化管理是创优重点的工程创优思路，并介绍了精细化管理具体措施，以期为后续的工程创优提供参考。

关键词： 水利工程；创优思路；项目法人

1　工程概况

福建省平潭及闽江口水资源配置（一闸三线）工程是国家172项节水供水重大水利工程之一，也是福建省目前在建的最大的水利基础设施工程，工程规模为大（2）型，工程等别为Ⅱ等，工程主要任务为向平潭综合实验区和闽江口南岸重要城市、工业园区供水，工程供水范围包括平潭综合实验区、福清市、长乐市、福州市南港片，工程多年平均引水量为 8.70 亿 m³。

工程总体布局为"一闸三线"，即莒口拦河闸，闽江竹岐—大樟溪引水线路，大樟溪—福清、平潭输水工程，大樟溪—福州、长乐输水工程。"一闸三线"工程福州段输水线路全长约170km，沿线设置27个施工支洞、55个作业面，总投资约52亿元，建设总工期48个月，总受益人口580万人。

2　确保工程质量安全是创优前提

创优质工程的前提是做好工程质量、安全等方面的工作，若发生较大或以上安全生产事故，评优工作将被一票否决，工程质量必须达到国内领先水平，因此工程建设之初就明确杜绝质量安全事故的发生。要求严格做到按图施工，确保工程按照一流的设计施工建设；严格验收标准，对标行业验收标准，落实验收制度；严格执行奖惩制度，通过对不同标段实施奖惩措施，促进全员树立"精品"意识，创优质工程；严格公司内部管理，实行"一线考核"制度，按要求做好施工现场督查督促，及时消除隐患。

3　落实目标责任制、建立健全组织机构是创优保障

创优是一项系统工程，参建各方必须相互配合、紧密协作。自"一闸三线"工程开工建设以来就明确了创优质工程的目标，并将创优目标写进合同中。为实现这一目标，公司做到规划设计超前谋划，施工队伍优中选优，施工建设严之又严。要求工程外观要精美，确保一次成优，注意技术创新及"四新技术"应用等。目标确定后，参建各方层层签订工程质量目标责任书及相关奖罚责任书，并建立完善的质量责任制；逐层逐级把质量目标进行分解，按创优的具体质量要求及施工部位进行分解落实，以工序工程保单元工程，以单元工程保分部工程，以分部工程保单位工程的目标分解法，把质量责任落到实处。实施全面的质量控制，促进工程质量达到优良标准，要求单位工程优良率达90％以上，分部工程优良率达90％以上，外观质量得分率达90％以上。

4　建立健全质量管理制度是创优保证

加强创优工程的技术、质量管理工作是创优质工程的重要环节。针对创优工程的系统性、艰巨性等特点，公司建立健全质量管理制度，主要包括质量责任终身制、质量检查制度、质量文件审批制度、质量检验评定制度、质量验收管理制度、隐蔽工程验收制度、工程质量整改制度、工程质量奖惩制度等，并根据实际情况进行补充完善，使其更具有针对性、实施性和可操作性。同时成立了董事长为组长、总经理及党委书记为副组长的安全生产与质量管理领导小组，负责日常安全与质量管理工作及安全生产与质量管理工作的计划、组织、监督和考核。

5　过程精细化管理是创优重点

5.1　实施过程监控和持续改进

施工过程中强化过程控制，用严格的检测指标实现高质量的管理目标，严格按照事前控制、事中控制和事后控制三个阶段实施管理。

首先严格对原材料进场检验和试验的质量控制，对需要复检的材料按照规范进行抽样送检，且抽检频率必须符合规范及设计要求，未经检验或检验不合格的材料不得用于施工现场。其次是在施工过程检查中严格把关，坚持自检、互检及专检的"三检制"，既是质量控制的有力保证，也是工程创优的前提；坚持上道工序不合格，下道工序不施工的交接检制度。最后是对分项工程及时进行过程检查，对发现的问题及隐患及时下发整改通知单，要求限期整改到位，并进行书面整改回复（附整改后照片资料），以利进行过程跟踪分析，不断持续改进。

5.2　实施样板引路，确保一次成优

由于"一闸三线"工程线路长、施工点及参建单位多，对于一个分项工程，相同的施

工部位较多，如果做法不统一、质量标准不统一，就没办法打造成精品工程。因此，要创造优质工程就必须严格实行样板引路制度。样板是一个标准，一个看板，是某个分部分项工程质量标准的具体体现，具有示范作用强、一目了然的特点，是保证工程质量的一个主要环节。通过样板引路、重奖重罚等措施，严格进行工程质量控制，确保工程外观质量，确保工程一次成优。

5.3　积极开展 QC 小组活动

QC 小组活动的开展是解决工程质量问题、保证工程创优的有效途径，是提高工程质量和经济效益的一个有效方法。例如，"一闸三线"工程土建三标为管道工程，管道须穿越乌龙江河段地区，该管道工程是国内首次采用大落差纵向钢管曲线顶管穿越江河，且主要穿越地质为淤泥、中砂、强风化花岗岩与弱风化凝灰熔岩层，施工中地层频繁交替，穿越地质极其复杂，工程难度较大。针对管道工程的复杂性、重要性和工程难度，土建三标各参建单位积极组建 QC 小组并开展活动，通过 PDCA 循环，定计划、定措施、定时间、定责任人的"四定"原则，对施工中的重点、难点进行技术攻关和质量攻关，并及时提炼中间成果进行总结，形成具有一定含金量的工法专利及高水平专业论文等。通过 QC 小组活动的开展，不断解决工程中遇到的实际问题，为工程创优提供有力的技术支撑。

5.4　创建安全文明工地，营造良好的施工环境

做好安全文明施工工作也是创优工作的重要组成部分，文明施工和没有安全事故是工程创优的重要条件之一，如果工程发生较大或以上安全生产事故，评优工作将被一票否决。因此，为建设具备"精品"和"优质"双重特性的一流工程，进一步提高工程建设管理水平，倡导文明施工、安全施工，营造和谐的建设环境，"一闸三线"工程业主单位启动了文明工地创建工作，公司总经理与各参建施工单位、监理单位等签订了《文明工地创建工作责任状》，并以法律、法规、技术标准等对安全文明的要求为蓝本，结合工程施工工艺和现场特点，编制了《福建省平潭及闽江口水资源配置（一闸三线）工程现场安全文明设施标准化手册》，作为施工现场安全文明工地创建和安全生产标准化创建的指导手册。通过安全文明工地创建活动，树立水利工程良好的工地形象，确保工程建设安全和质量。

5.5　科研保驾护航，打造优质工程

创优工程应积极推广应用"四新技术"。为切实推进项目创优步伐，提升工程技术创新水平并进行推广应用，解决工程建设中遇到的实际困难，公司联合高校、设计单位等开展了"复杂地质长距离管道工程非开挖穿越关键技术研究""闽江流域生态可持续鱼道关键技术研究""水源地水质安全研究""安全风险管控体系研究"等多项课题研究工作。通过科研工作的开展，将研究成果及时转化和利用，为工程提供理论依据和技术支撑，大大提高了工程建设的科技含量。

5.6　积极推进公司安全生产标准化建设

安全生产标准化是实现安全生产工作规范化、科学化、系统化和法制化的重要手段，工程创优也要做好安全生产标准化建设。工程建设之初，公司就积极推进安全生产标准化一级达标建设，成立了安全生产标准化建设领导小组，并邀请水利部建安中心对公司安全

标准化建设工作进行培训，建立了一套完整、有效、可执行的安全生产规章制度体系，不断规范安全生产管理工作。

5.7　注重工程创优资料收集

工程要创优，还需要做好工程资料整理收集。工程资料真实体现了施工过程，是对工程实体质量的真实反映，是工程竣工验收的有效凭证，同时也是创优工程的重要组成部分。因此，从工程项目开工之时，就要按国家优质工程的要求做好工程资料的收集和整理，做到高标准、严要求。公司每个部门专门指定专职档案人员负责工程技术资料的收集和整理，及时收集体现工程特点、优点和亮点的资料，特别是对施工隐蔽工程、关键部位施工、重要工序与环节等的照片和录像资料的收集，并且要求资料整理及时、准确、完整，视频资料确保主题明确、画面清晰，并按时限要求将相关声像影音资料报送公司档案室统一管理。

6　结语

本文从"一闸三线"实际项目入手，根据项目的特点，从目标责任制落实、质量管理制度建立、施工过程管理等方面探讨工程创优思路，今后将根据工程实际不断地交流学习和创新，通过不断实践、总结、提高来完善创优过程，最终争创中国水利工程优质（大禹）奖。

参　考　文　献

[1]　黄飞，杨一希，金鑫. 创优理念打造优质工程 [J]. 中国电力企业管理，2018 (3)：72-73.
[2]　张祥. 关于建筑工程以创新促创优的几点思考 [J]. 山西建筑，2017，43 (36)：243-245.
[3]　周家明，向鹏，彭英. 重庆渝州宾馆改建工程施工创优管理经验 [J]. 重庆建筑，2017，16 (11)：61-63.
[4]　邱康利. 以项目创优促质量管理提升 [J]. 施工企业管理，2017 (11)：99-100.
[5]　张利青. 浅谈建筑工程创优创新的意义 [J]. 建材与装饰，2017 (8)：126-127.
[6]　艾重其. 工程质量创优实践与思考——以安徽省勘查技术院科研业务楼为例 [J]. 安徽建筑，2016，23 (3)：303-305.
[7]　张宗成. 浅谈建筑工程质量创优的策划与管理 [J]. 工程质量，2015，33 (4)：16-19.
[8]　王汝仑. 某工程精品创优的质量控制措施研究 [J]. 工程质量，2014，32 (12)：91-94.
[9]　苏孝敏，杜奇奋. 浅谈水利施工企业创精品工程的一些做法 [J]. 小水电，2013 (2)：44-45.
[10]　苏孝敏，朱丽燕. 浅谈水利施工企业如何进行创优夺杯 [J]. 中国水利，2003 (4)：134.

全断面砂土层长距离顶管顶力计算与分析

艾 慧[1] 颜 肃[1] 柯宇琪[2] 楼锡渝[1] 孙余好[1]

(1. 核工业井巷建设集团有限公司，浙江湖州　313000；
2. 福州水务平潭引水开发有限公司，福建福州　350001)

摘　要： 长距离、大口径钢管在砂层中顶进时，受力情况复杂。本文针对福建省平潭及闽江口水资源配置工程中穿越乌龙江全断面砂层顶管工程，结合现有顶力计算规范及公式，依据现场顶力监测数据进行对比分析，认为钢管在全段面砂层中顶进时处于悬浮状态，考虑管浆作用进行顶力计算，结果与现场实测顶力误差较小，可为后续相关工程提供参考。

关键词： 砂层；长距离；顶力计算

0　引言

顶管技术作为一种非开挖施工技术，具有综合成本小、交通环境影响小、安全性高等特点，因此得到许多非开挖工程的青睐。对于顶管工程来说，无论管道采用何种材质，顶力的计算都是整个工程设计中至关重要的环节，它涉及工作井后背墙、中继间、管节强度等设计要求。顶进力计算结果过多超出设计要求会造成经济亏损，不足设计要求则有可能导致超出管节强度造成管节破坏、后背墙墙体剪切破坏，严重情况下会导致整个工程的失败。

截至目前，国内外在顶管的顶力计算方面都有各自的规范及要求，结合力学理论得到许多理论计算公式[1-5]，许多城市基于大量的顶管工程实际监测数据，总结出许多经验公式[6-7]，然而许多公式的适用条件不明确且计算值具有较大的偏差性。本文依据福建省平潭及闽江口水资源配置工程中的某段顶管工程，对现有适用于砂层中的顶力计算公式进行对比分析，研究适用于全断面砂层中钢顶管的顶力计算方法，可为后续相关工程提供参考。

1　工程概况

福建省平潭及闽江口水资源配置工程管道输水工程（城门支线）于青口镇中院村西接城门引水支线大康厝—中院输水隧洞出口，呈北东向穿越 316 国道，在尚干镇综合农场球山龙鞋厂附近穿越乌龙江经祥谦农场、四十八份岛、龙祥岛接入福州市城门水厂，全长

4.845km，其工程位置平面示意图如图1所示。其中，龙祥岛—四十八份岛顶管工程全程穿越乌龙江，该段地层几乎为全段面中砂层，顶管段全长1081m，采用Q235B钢材，管壁厚20mm，单根管节长8.8m，主要地层信息见表1。

表 1　　　　　　　　　　主 要 地 层 信 息 表

土层名称	天然重度 γ/(kN/m³)	压缩模量 E_s/MPa	黏聚力 c/kPa	内摩擦角 φ/(°)	地基承载力/kPa
素填土	18.0	4.7	7	12	50～70
淤泥	16.2	2.52	18.6	5.25	40～60
中砂层	18.5		5	18	180～200
粉质黏土	19.0	2.01	51.96	10.42	180～200

图 1　工程位置平面示意图

2　现场顶进分析

2.1　现场监测内容

该标段城门4号—3号顶管工程，于2020年4月7日开始顶进，于当年6月10日结束顶进，期间由于穿越地层中包含有少许的淤泥，机头因下方地基承载力不足急剧往下偏移，造成顶进受阻，同时在管轴线位置上存在大块木屑，导致机头刀盘卡死。但是基于施工技术组的勤测勤纠，加上及时对遇到的问题进行处理，以上情况都一一克服。这也得益于实时对顶进数据进行监测收集，加上后期分析处理，此次有关顶进过程中的监测数据主要包含以下几个方面：

（1）依据顶管控制台千斤顶压力读数表获取顶力数据，分析各个顶进时段的顶力变化状况并绘制顶力随顶程的变化曲线，以整体把握顶管受力状况，如图 2 所示。

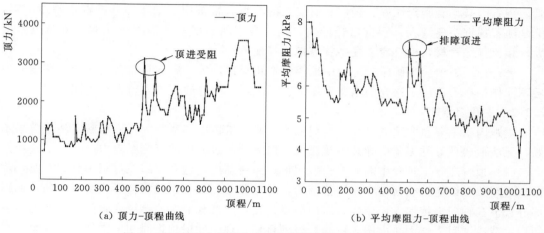

（a）顶力-顶程曲线　　　　　（b）平均摩阻力-顶程曲线

图 2　顶进过程中的顶力及平均摩阻力随顶程的变化曲线

（2）依据顶管控制台机头泥水仓压力表获取施工过程中泥水仓压力数据，结合静水压力绘制机头迎面阻力随顶程的变化曲线，如图 3 所示。

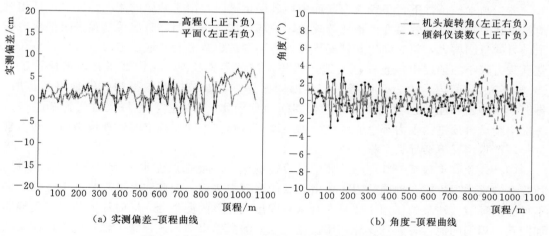

（a）实测偏差-顶程曲线　　　　　（b）角度-顶程曲线

图 3　顶进过程中机头姿态参数随顶程的变化曲线

（3）通过全站仪和经纬仪测定顶进过程中管线的水平和高程偏差值，同时绘制其随顶程的变化曲线，及时掌握顶管与既定轴线的偏差并及时调整。

（4）顶管在施工过程中要实时注浆，及时收集每根管节完全顶进时所需的泥浆数量，以便于分析顶进时的详细地质情况，方便及时解决问题。

（5）由（4）可知，顶管在施工过程中要进行注浆减阻，通过泥浆泵压力表收集注浆压力数据。

2.2　结果分析

综合以上监测内容以及现场施工情况，影响顶力的主要影响因素大致可以归纳为以下几类。

2.2.1　客观因素

（1）管节规格及材料特性。常见的顶管管材一般有钢筋混凝土管、钢管、玻璃夹砂管。钢管因其具有密封性好、轻便、耐腐蚀的特点，常被用于地下非开挖输水管道工程，但是随着顶进距离增大，管材口径增大，钢管在中粗砂层中顶进时所受的管壁摩阻力增大，相比其他管材，也更容易发生管道抱死等现象。

（2）地层因素。顶管施工过程中地层的变化对顶进力的影响是非常明显的。穿越的地层不同作用在刀盘或工作仓的水、土压力也不一样，导致迎面贯入阻力也不同。

2.2.2　主观因素

主观因素主要包含顶进过程中的纠偏不及时，机器损坏造成的顶进中断，注浆效果不好，无法形成良好的泥浆套导致泥浆流失，增大顶进过程中的管侧摩阻力。

（1）顶管在施工过程中需要严格按照设定路线顶进，这需要施工过程中勤纠勤测，确保顶进路线与设定轴线偏差在允许范围内，一旦偏差过大，管线将会形成明显弯曲，使得部分管节在轴向力传递方面产生过多的能量损耗，此外管节弯曲会增大管壁与孔壁的接触面积，造成摩阻力增大。由图3可知，该项目顶管在中砂层顶进时纠偏次数非常频繁，在后半段800～850m区间，管线水平与高程偏差都达到过5～6cm，根据地质调查情况，该段地层主要由淤泥及夹杂卵石的砂层组成，机头在顶进过程中摆动幅度较大，纠偏难度相对较高。

（2）高水压条件下，顶管在全断面中粗砂层顶进时，由于砂层的流动性较强，且相对地基承载力较低，顶管易发生抱死等现象。现场监测数据表明，每次重启顶进时都会造成顶进力的急剧增大，长时间中断情况下再次启动顶进也势必会造成顶进力过大，机头在地基承载力较小的地层中停止前进会造成机头下沉等不良状况。由图2可知，该顶管工程500～560m区间内，顶力急剧增大，顶力情况异常，据现场调查得知该段地层顶进时，排泥管道排出的泥沙包含大量的腐木，期间刀盘卡死，中断两次，每次时间为2d左右，每次中断后再顶进的顶力都急剧增大，进而说明顶管在中砂层顶进时，顶进中断时间不宜过长，严重情况下会导致工程失败。

（3）该顶管工程基于其穿越地质情况及现场施工环境选取泥水平衡顶管机进行顶进，顶管在砂层中顶进时，轴向受力主要由管壁侧摩阻力构成，因此注浆减阻是施工过程中必不可少的环节，注浆的作用主要是在管壁外围形成完整的泥浆套，同时注入的泥浆还能够加固孔洞周围的泥沙，起到支撑作用。据现场监测数据得知，该顶管工程在施工周期内的顶进过程中采用同步注浆，结合沿线补浆达到了较好的减阻效果，随着顶进距离的增加，顶进力处于缓慢增长的趋势，复合顶管顺利顶进符合力学行为。

3　顶进力计算分析

3.1　顶力定义及构成

顶管法施工的原理是在不开挖地表的情况下，利用液压油缸从顶管工作井将顶管机及待铺设管节在地下逐节顶进，直到顶管接收井的非开挖地下管道施工工艺，因此顶管可以从管轴线方向（轴向）与垂直管轴线方向（环向）进行受力分析，轴线方向顶管主要受主顶千斤顶顶力、机头迎面阻力、管土摩擦力等作用，如图 4 所示。环向方向顶管主要受管周水土压力、管节自重、交通载荷等，如图 5 所示。

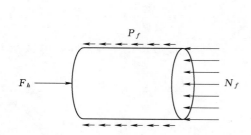

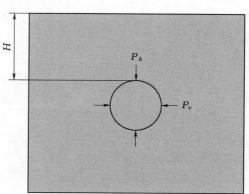

图 4　轴向受力示意图

F_h—主顶千斤顶顶力；N_f—机头迎面阻力；

P_f—管土摩擦力

图 5　环向受力示意图

P_v—管顶垂直土压力；P_h—管侧水平土压力；

H—管道覆土厚度

3.2　顶力理论计算

针对该顶管工程穿越地层信息，根据是否考虑土拱效应来统计分析顶管在砂层中的理论计算公式。

3.2.1　考虑土拱效应的顶力计算公式

（1）普通泥水式顶力计算公式[8]：

$$F_h = N_f + \pi D \tau_a L \tag{1}$$

$$N_f = \frac{\pi D^2}{4}(p_e + p_w + \Delta p) \tag{2}$$

$$\tau_a = c' + \sigma' \mu' \tag{3}$$

$$\sigma' = \alpha' q + \frac{2W}{\pi^2(D-t)} \tag{4}$$

式中：p_e 为掌子面土压力，该工程取平均值 160kPa；p_w 为地下水压力，该工程取50kPa；Δp 为附加土压力，该工程取 20kPa；σ' 为管节法向土压力，kPa；t 为管壁厚度，mm；α' 为管子法向土压力系数，砂性土、一般荷载取 0.6。

（2）考虑注浆作用下的顶力计算公式[5]：

$$F_h = K(P_f + N_f) \tag{5}$$

$$P_f = \pi D L f \tag{6}$$

$$N_f = \gamma(H + D/2)K_0 \frac{\pi D^2}{4} \tag{7}$$

式中：$K = 1.1$；P_f 为侧摩阻力，kN；N_f 为迎面阻力，kN；f 为单位面积管壁与土的平均摩阻力，中粗砂地层顶管施工一般取 $8 \sim 15$kN/m^2。

3.2.2 不考虑土拱效应的顶力计算公式

我国《给水排水管道工程施工及验收规范》（GB 50268—2019）中顶力计算公式如下：

$$F_h = \mu \gamma D \left[2H + (2H+D) \cdot \tan^2\left(\frac{\pi}{4} - \frac{\varphi}{2}\right) + \frac{W}{rD} \right] \cdot L + N_f \tag{8}$$

文献［9］对其进行了修改，认为管周土压力并非如规范所述，对其受力模式进行适当改进，得到如下公式：

$$F_h = \mu \gamma D \left[\frac{\pi}{2}(1+K_1)\left(H+\frac{D}{2}\right) - \frac{1}{3}D(2+K_1) + \frac{W}{rD} \right] \cdot L + N_f \tag{9}$$

式中：μ 为管土摩擦系数；γ 为土的重度，kN/m^3；H 为管道覆土厚度，m；W 为管道自重，kN/m。

3.2.3 经验公式

（1）北京地区经验公式[6]：

$$黏性土：F_h = K_1(22D-10)L \tag{10}$$

$$砂性土：F_h = K_2(34D-21)L \tag{11}$$

式中：K_1 为黏性土系数；K_2 为砂性土系数，取 1.5。

（2）上海地区经验公式[6]：

$$F_h = K_0 \pi D L \tag{12}$$

式中：K_0 为管周单位面积摩阻力，取 8～13kPa。

（3）文献［7］公式：

$$F_h = 10mD^2L \tag{13}$$

式中：m 为土质系数，取值为 1.5。

3.3 管道悬浮状态下的顶力计算

管道顶进过程中的管土相互作用主要受管道自重及其所受浮力影响，相对钢筋混凝土管，钢管自重较小，在注浆量充足情况下，可以认为整体管节处于悬浮状态，此时摩阻力只需考虑管节与泥浆液的摩擦力。参考文献［10］，结合注浆压力与顶进速率，获取管节在悬浮状态下的顶力计算公式。

顶管管壁与泥浆之间的剪应力计算公式如下：

$$\tau = \begin{cases} K\left(\dfrac{\nu}{h_0 + \bar{\omega}p}\right)^n, & p > p_0 \\ K\left(\dfrac{\nu p_0}{h_0 p}\right)^n, & 0 < p \leqslant p_0 \end{cases} \tag{14}$$

$$F_h = 2\pi r \tau l \tag{15}$$

假设工程实际注浆压力等于适于地层的最优注浆压力，即 $p = p_0$，最终得顶力计算公式为

$$F_h = 2\pi r K l \left(\frac{v}{h_0}\right)^n \tag{16}$$

4 工程案例计算分析

该顶管工程施工参数取值如下：管道覆土厚度 $H=8\text{m}$，管道直径 $D=1.6\text{m}$，泥浆压力 $p=0.5\text{MPa}$，管线长度 $L=1081\text{m}$，管壁厚度 $t=20\text{mm}$，平均顶进速率 $v=1\text{cm/min}$，所处土层摩擦角 $\varphi=30°$，土体重度 $\gamma=18.5\text{kN/m}^3$，内聚力 $c'=5\text{kPa}$，管道与土体摩擦系数 $\mu'=0.3$，粗糙系数 $n=0.5$。

各公式顶力计算结果见表2。

表2   各公式顶力计算结果

顶进长度	100m	500m	1000m
式（1）	4483.6kN	22418.4kN	44836.6kN
式（5）	2873.3kN	14366.5kN	28733.7kN
式（8）	8923.6kN	44618.5kN	89236.4kN
式（9）	6538.4kN	32692.4kN	65384.5kN
式（11）	5010kN	25050kN	50100kN
式（12）	3840kN	19200kN	38400kN
式（16）	803.5kN	4017.5kN	8035kN
现场实测	904.8kN	3023.6kN	3680.6kN

由以上计算结果可知，顶管在一定覆土厚度条件下进行顶力计算时，考虑土拱效应下获得的计算结果更贴合实际，进一步，注浆作为顶管施工工程中必要的一项工艺，顶力计算时管土摩阻力计算需考虑泥浆作用，由各公式顶力计算结果可知，考虑泥浆作用下的顶力计算值为规范及经验公式的 20%～50%，可见采用不同计算公式所获得的结果有较大的偏差，且与现场顶力大小不符。

顶进 0～100m 段，各公式顶力计算值与现场实测顶力偏差很小，顶力与顶距呈正比例关系，虽然 500m 计算值与实测顶力相差较小，但实测顶力在此处急剧增大，主要是由于该段地层存在大量腐木及卵石，造成顶力异常，不能作为顺利顶进情况下参考值进行对比分析。但总体来说，在注浆充足情况下，认为管道在孔洞中处于悬浮状态符合实际情况，其顶力计算公式具有较大的参考性。

5 结论

（1）钢顶管在全段面中砂层中顶进时，管节柔性强，偏移大，应做到勤测勤纠，了解顶进过程中顶力、水平高程偏差、顶管机姿态的变化，保证管线偏差在可控范围内。

（2）顶力计算方面，国内现有规范及各地区经验公式计算结果与实测顶力偏差较大，在一定覆土厚度下，考虑拱土效应及注浆作用下的计算值有一定的参考价值。

（3）钢管在全断面中砂层中直线顶进时，在注浆充足情况下，可认为管道全程处于悬浮状态，该状态下的顶力计算值与实测顶力符合较好。

参 考 文 献

［1］ Pipe Jacking Association. An Introduction to Pipe Jacking and Microtunnelling Design ［S］. London：Marshall Robinson Roe，1995.

［2］ Japan Sewage Association. Guideline for Sewage Pipe‐jacking ［S］. Tokyo：JSA，2000.

［3］ French Society for Trenchless Technology. Microtunnelling and Horizontal Drilling ［S］. London：Hermes Science Publishing Ltd.，2004.

［4］ ASCE 27. Standard Practice for Direct Design of Precast Concrete Pipe for Jacking in Trenchless Construction ［S］. Virginia：Reston，2000.

［5］ 中华人民共和国住房和城乡建设部，中华人民共和国国家质量监督检验检疫总局. 给水排水管道工程施工及验收规范：GB 50268—2019 ［S］. 北京：中国建筑工业出版社，2019.

［6］ 郝文峰. 顶管工程设计中的顶力计算方法 ［J］. 甘肃科技纵横，2004（4）：133–134.

［7］ 石志圻. 关于顶管顶力计算方法的探讨 ［J］. 市政技术，1992（4）：43–54.

［8］ 余彬泉，陈传灿. 顶管施工技术 ［M］. 北京：人民交通出版社，1998.

［9］ 王承德. 顶管施工中管壁摩阻力理论公式的商榷 ［J］. 特种结构，1999（3）：22–25.

［10］ 王双，夏才初，葛金科. 考虑泥浆套不同形态的顶管管壁摩阻力计算公式 ［J］. 岩土力学，2014（1）：159–166.

长距离穿江顶管管节应力监测研究

黄智刚[1] 艾 慧[2] 王 勉[3] 刘 振[1] 叶 贺[1]

(1. 福州水务平潭引水开发有限公司，福建福州 350001；
2. 核工业井巷建设集团有限公司，浙江湖州 313000；
3. 福建省水利水电勘测设计研究院，福建福州 350001)

摘 要： 本文采用现场实测的方法，依托福建省平潭及闽江口水资源配置工程，基于不间断实时监测系统研究管节在顶进过程中的内力变化规律，为现场顶力控制及纠偏提供理论依据，协助施工顺利进行，可为后续相关工程提供参考。

关键词： 钢顶管；现场监测；中砂层

0 引言

近年来，随着我国经济建设的飞速发展，为了解决城市道路交通管线敷设问题，地下管线工程基础设施建设越发受到人们的重视。作为一种非开挖施工技术，顶管施工以其综合成本低、交通环境影响小、安全性高等特点饱受非开挖工程的青睐。同时，我国自主开发的钢顶管技术也从小管径、浅覆土、短距离顶进逐步向大直径、深埋、长距离顶进[1]方向迅速发展。其中，在我国给排水管道工程建设中，钢顶管以其强度高、外表光滑、自重轻、密封性好等特征得到广泛应用。然而，顶管在施工时的受力情况较为复杂，其主要受到管节周围水土压力、千斤顶轴向顶力、管土摩阻力、机头迎面阻力等作用，进一步，顶管在长距离中砂层顶进时，在复杂的受力体系作用下，还面临顶进轴线难控制、泥浆液水分易离析、管土摩阻力大、高水压等问题。因此，研究顶管施工的安全性和经济性具有重要意义。

因此，对于顶管在施工过程中管道的受力特性问题，国内外学者做了许多现场实测研究[2-10]。但是基于不同类型的顶管工程，管道受力变化规律也有很大的区别，本文针对长距离钢顶管工程，基于不间断实时监测系统研究管节在顶进过程中的内力变化规律，防止施工过程中因顶力控制不当、纠偏偏差过大造成顶进中断等情况，从经济性、安全性等方面综合考量顶进施工，可为后续类似工程提供参考。

1 工程概况

福建省平潭及闽江口水资源配置工程管道输水工程（城门支线）于青口镇中院村西接

城门引水支线大康厝—中院输水隧洞出口，呈北东向穿越 316 国道，在尚干镇综合农场球山龙鞋厂附近穿越乌龙江经祥谦农场、四十八份岛、龙祥岛接入福州市城门水厂，全长 4.845km，其工程平面位置示意图如图 1 所示。其中，龙祥岛—四十八份岛顶管工程全程穿越乌龙江，穿越地层主要由中粗砂层组成，其间夹杂着少许淤泥层、卵石层，采用 DN1650 泥水平衡顶管机施工，顶管段全长 1081m，管材采用 Q235B 钢材，直径为 DN1600，管壁厚 20mm，单根管节长 8.82m，顶管及管节概况见表 1。

表 1　　　　　　　　　　　　　　顶管及管节概况

顶管区间	长度/m	管道中心标高/m	坡度/(°)	主要地层
4 号—3 号	1081	−9.17	0	中砂
管节材料	单根管节长度/m	管节直径	管壁厚度/mm	管材弹性模量/MPa
Q235B	8.82	DN1600	20	2.1×10^5

图 1　工程平面位置示意图

2　测试内容及方案

2.1　仪器介绍及说明

　　该工程测试主要是为了研究在长距离中砂层顶管施工中，管道顶进时的内力变化特征，采用的管道应变监测系统为 DH5971 分布式在线监测系统，该监测系统主要由数据采集系统、传感器、配套设备及监测软件构成。其中，数据采集系统包含采集模块和控制模块，单个采集模块通道数为 8，单个控制模块有两路线路总成，单条线路最多可连接 8 个采集模块，且控制模块至采集模块之间的数据有效传输距离最远为 200m，采集模块和采集模块、采集模块和控制模块都是通过 RS458 通信扩展线连接的，控制模块和采集模块的线路接线图如图 2 所示；传感器由应变片、定位焊点、信号引出线组成。定位焊点用于固定应变片，信号引出线用于接入采集器终端。依托该仪器公司自主研发的 DHDAS 动态信号采集分析系统软件，在供电正常情况下，可以实现全天 24h 不间断监测，实时观测到监测断面管节的应变状态，监测仪器接线示意图如图 2 所示。

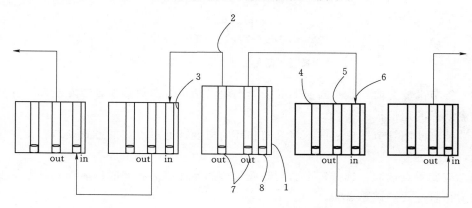

图 2　监测仪器接线示意图

1—控制器；2—RS458 通信扩展线；3—采集器；4—采集通道；5—输出通道；

6—输入通道；7—控制器输出通道；8—数据终端接入通道

2.2　监测方案

2.2.1　监测断面选取和测点布置

该段顶管工程全长共 1081m，以顶管机头后首根管节为 1 号，全段总计 121 根管节，同时为了避免在顶进过程中顶力不足的情况发生，分别在 18 号、72 号管节后安装中继间。为了顶管在施工过程中能够有效控制顶力，对管节在顶进过程中的内力变化进行监测，该测试监测断面分别于 36 号、41 号、46 号管节中心进行布置，分别命名为 A1、A2、A3，距离机头位置距离分别为 315.12m、359.32m、403.52m。其中，每个监测断面布置 4 个测点，A3 监测断面每个测点布置一个环向应变计和一个纵向应变计，其余 3 个监测断面每个测点布置一个纵向应变计，沿掘进方向，以右侧测点位置为起始点，分别位于 0°（右侧）、90°（上侧）、180°（左侧）、225°（左下侧），具体布置示意图如图 3 所示。

2.2.2　安装步骤

该方案基于实时全程监测的管道应力监测方法，能够即时了解在顶进过程中的管道应变变化状态，协助顶管班组完成施工，其主要安装步骤如下：

（1）选择设置监测断面的管节，做好标记。

（2）控制模块安装在首个监测断面，沿顶进方向焊接至管节左侧部并预留到下一监测断面的通信扩展线。

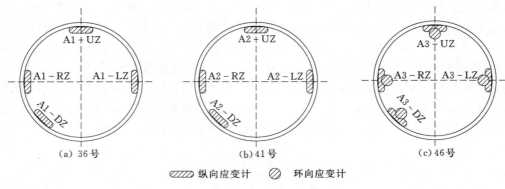

图 3　应变测点布置示意图

（3）管节下放之前，监测断面上的采集模块沿顶进方向焊接至管节左侧部，并预留至下一监测断面的通信扩展线。

（4）监测断面管节下放之前，将纵向和环向应变计通过点焊的方式安装在预先标记好的位置，做好标签。

（5）应变零点选取：选择每个监测断面管节初始无应力状态时的表面式粘贴应变传感器读数为顶管应变测试零点。

（6）所有监测断面安装完成后，线路从管道侧方走线，做好固定，管道顶进，数据接收终端监测管道应力实时变化情况。

3　实测结果分析

此次结果分析选取顶进段 $800\sim940$ m 时所监测的断面应力应变进行分析，期间 A2 截面 4 个测点应变计遭到施工破坏，数据缺失，因此以 A1、A3 监测截面为对象，分析 36 号与 46 号管节内力与顶程之间的关系。

3.1　管节在顶进过程中的应变

（1）轴向应变。A1、A3 截面轴向应变如图 4 和图 5 所示。

（2）环向应变。A3 截面环向应变如图 6 所示。

可以看出，管节应变变化并没有表现出很强的规律性，管节轴向及环向应变在受拉和受压区间波动，整体变化值较小，但波动性较大。分析认为钢管在砂层中顶进时，钢管自身柔性较好，机头进行纠偏时，对管节稳定性影响较大，尤其是在长距离顶进情况下，这种波动表现得更为明显，然而由图 4～图 6 截面应变变化曲线可知，管道整体变形量都维持在一个较小的状态，管节小范围的强波动性并未造成管节因强度损耗产生不利清况。

3.2　管节在顶进过程中的应力

A3 截面轴向应力、环向应力如图 7 和图 8 所示。

由上述结果可知，顶管在中砂层顶进时，管节应力大部分处于拉压交变的状态，同时单根管节在顶进过程中通常无法一次性顶进，期间需要结合顶铁增加顶进长度，所以管节

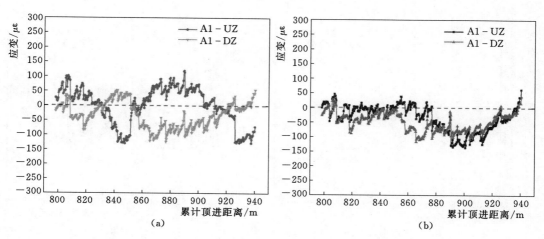

图 4 A1 截面轴向应变

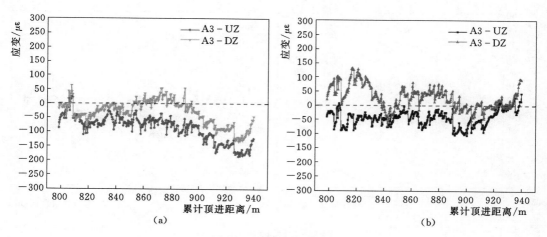

图 5 A3 截面轴向应变

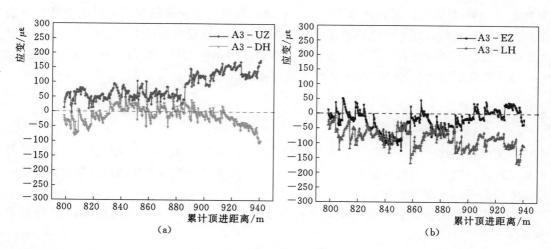

图 6 A3 截面环向应变

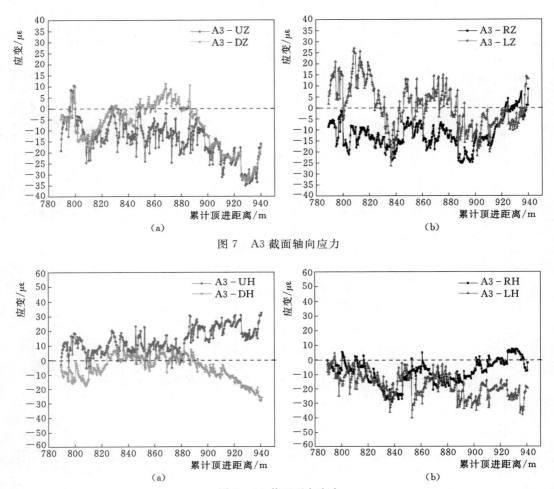

图 7　A3 截面轴向应力

图 8　A3 截面环向应力

受加载-卸载荷载循环作用，这非常考验管节的抗疲劳性。长距离顶管同时还会随着顶进距离的增长形成偏心顶进，这一点在中砂层长距离过江顶管中表现得更为明显，由于顶进轴线较难控制，纠偏频繁导致管节的受力状态表现出不稳定性。然而，整个顶进过程中，监测断面管节的应力值较小，处于弹性变化范围内。

4　结论

本文依托福建省平潭及闽江口水资源配置（一闸三线）工程，对城门支线 4 号—3 号顶管工程进行管节应力监测试验，分析得到管节应力特征规律并总结顶进过程中需要进一步研究的问题，主要结论如下：

（1）由监测数据可知，管节应力变化完全小于 235MPa，工程采用的 Q235B 钢材符合设计要求。

（2）钢管由于自身柔性较强，长距离顶进时管道整体稳定性受土层、偏心顶进、纠偏等因素影响较大，管道内力在顶进过程中表现出小范围内的强波动性。

（3）该工程顺利贯通，说明该监测方法具备一定的实效性，后续相关工程可以在此基础上增加监测断面数量，进一步掌握管节内力变化规律，为顶进施工提供参考。

参 考 文 献

［1］ 王承德. 近十年来超长距离顶管发展状况［J］. 特种结构，1997，14（4）：16-21.

［2］ Norris P. The behaviour of jacked concrete pipes during site installation［D］. University of Oxford，1992.

［3］ Marshall M A. Pipe-jacked tunnelling：jacking loads and ground movements［D］. University of Oxford，1998.

［4］ Milligan G W E，Norris P. Site-based research in pipe jacking—objectives，procedures and a case history［J］. Tunnelling and Underground Space Technology，1996，11：3-24.

［5］ 陈楠. 复杂环境中大直径钢顶管的受力特性研究［D］. 上海：上海交通大学，2012.

［6］ 刘翔，白海梅，陈晓晨，等. 软土中大直径顶管管道受力特性测试［J］. 上海交通大学学报，2014，48（11）：1503-1509.

［7］ 张鹏，王翔宇，曾聪，等. 深埋曲线钢顶管受力特性现场监测试验研究［J］. 岩土工程学报，2016，38（10）：1842-1848.

［8］ 马合龙，廖晨聪，王建华，等. 软土中超大直径钢顶管施工顶进及运营温差下的受力特性测试［J］. 上海交通大学学报，2018（11）：1444-1451.

［9］ 羊军. 大口径钢顶管施工荷载下的受力特性分析［J］. 中外建筑，2018（11）：136-141.

［10］ 戈龙仔，刘针，陈汉宝. 海底取排水工程玻璃钢管受力特性试验研究［J］. 中国港湾建设，2020（1）：26-31.

长距离曲线硬岩顶管施工关键问题及处理

徐先锋[1]　王岁红[1]　陈翠珍[2]　叶金美[3]　陈　媛[1]

(1. 核工业井巷建设集团有限公司，浙江湖州　313000；
2. 福州市洪水预警报中心，福建福州　350001；
3. 福州市水利局，福建福州　350007)

摘　要： 本文以福建省平潭及闽江水资源配置工程详谦农场—城门水厂段顶管工程为背景，对该工程所遇到的泥浆流失、顶管卡管等问题进行分析研究。研究发现，造成此问题的主要原因为泥浆配比不当、顶管偏转等，因此本文通过泥浆配比研究以及顶管纠偏操作等技术方法，对所遇问题进行处理解决，可为后续类似长距离硬岩顶管项目提供有效的技术借鉴。

关键词： 顶管工程；泥浆；卡管；纠偏

0　引言

随着我国社会经济的不断健康发展，城市建筑规模不断地增大，各类管道敷设工程的应用也日益增多，为了满足人们的日常生活需求，水资源配置工程、燃气输送工程等管道敷设工程的应用变得尤为重要。在城市规模不断扩大的今天，因明挖施工方式对周围环境影响较大，且当面临大型建筑阻碍以及山川河流阻碍等问题时，明挖法将会大大增加施工难度，增大施工资金投入，以及增大施工工作量，从而极大地延长施工工期。顶管施工法因其对地面干扰小、施工速度快、综合成本低等特点得到了快速发展，且在目前的长距离顶管施工过程中不可避免地将会遇到复杂的地质构造，长距离曲线硬岩顶管施工法也得到了一定的发展完善[1-2]。

1　工程概况

本文以福建省平潭及闽江水资源配置工程详谦农场—城门水厂段顶管工程为背景，顶管采用 DN2000 钢管，全长 1137.7m。顶管始发后，首先以 3.5°直线下坡入土，长度为 47.3m，再以半径 6000m 的曲线顶进过渡到水平直线段顶进，水平直线段总长 183.5m，最后再以半径 6000m 的曲线顶进过渡到坡度为 2.5°的上坡段出土顶进至接收井，工程地质剖面示意图如图 1 所示。根据勘探资料分析，顶管段岩土层主要有淤泥、中砂、弱～强风化凝灰熔岩、砂质黏土。前面约 541m 穿越地质为强～弱风化凝灰熔岩（抗压强度不小

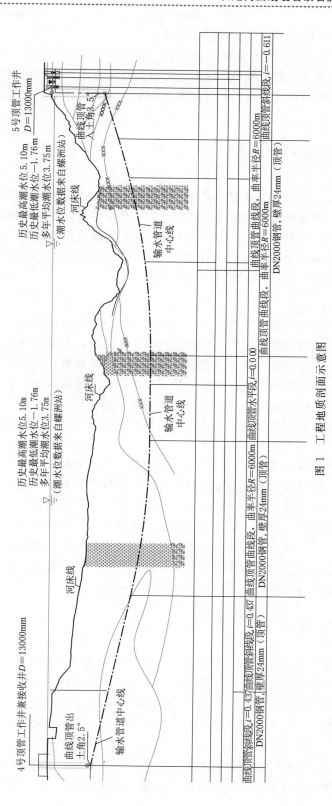

图 1 工程地质剖面示意图

于 120MPa），后面 596.7m 穿越地质为中砂和淤泥。

该工程的难点主要在前期 541m 穿越地质为弱～强风化凝灰熔岩阶段，在此阶段岩石强度大，且顶进有一定角度的向下倾斜，从而会导致顶进阻力大、顶进速度过慢等情况的发生，如何有效地应对解决此类问题，将此次施工顺利快速地进行下去，是我们所应当重点思考的问题。

2　触变泥浆配比研究与应用

触变泥浆在顶管施工过程中的主要作用为：在顶管施工过程中注入触变泥浆，使泥浆在注浆压力的作用下在管道外壁与管洞内壁之间形成一个泥浆套，注浆时泥浆套的形成在顶管施工过程中既可以为管洞起一个支撑稳定作用，防止地层沉陷与隆起，还可以有效地将顶管管道与土体之间的干摩擦力转化为湿摩擦力，从而大大减小顶进过程中的摩擦阻力，对顶管施工的顺利进行起着十分重要的作用[3-4]。

2.1　触变泥浆的配比研究

触变泥浆的配比应取决于不同地质条件，不同工程情况应结合实际地质条件与工程需求调制适用的泥浆，该工程因其在前期顶进阶段处于下坡阶段，当泥浆配比不当、浓度过低时，膨润土泥浆将会流向机头一侧，顶管机前端排渣系统排除水和顶进碎渣时也将会把注入的触变泥浆排出，将会很难形成有效的泥浆套，不能充分发挥触变泥浆润滑减阻的作用，也不能发挥出泥浆悬浮的作用，使管道与岩石表面接触，增大摩阻力。当触变泥浆浓度过高时，将会造成额外的顶进阻力，严重影响工程的进度。因此，我们对适用于此工程的触变泥浆配比进行了研究[5]。

我们以优质膨润土和水为主要原料，以聚丙烯酰胺、羧甲基纤维素、黄原胶等为添加剂，对触变泥浆进行配比研究，通过对泥浆的配比对泥浆性能的影响进行研究，以及对聚丙烯酰胺、腐殖酸钾、石墨粉、羧甲基纤维素、黄原胶、瓜尔胶等添加剂对触变泥浆的漏斗黏度、塑性黏度、静切力、流性指数、黏度系数、失水量、析水率、泥皮厚度、动切力等性能的影响进行研究，从而选出最优的泥浆配比，以及最合适的添加剂种类及用量，为顶管施工注浆提供条件，使顶进过程中注浆减阻得到最优化，从而保证顶管施工的正常运行[6]。图 2 所示为通过高速搅拌机制备试验所用触变泥浆。

2.2　注浆系统

2.2.1　注浆孔的布置

该工程每个注浆断面布置 4 个注浆孔，在机头后三节管道内每节管道均设置两个注浆断面，其他管道内均设置一个注浆断面，图 3 所示为管道注浆截面现场图，并且每个注浆孔都是在注浆断面上呈 90°环向均布的，以保证能够形成良好的泥浆套，注浆孔均为在钢管卷管厂按照需求所预留，且每个注浆孔均设置 1 个 1 英寸球阀及单向阀。

2.2.2　注浆工艺顺序

在顶进过程中，通过压浆环向管道与岩壁之间的空隙注入减摩泥浆，采用多点对称压注使泥浆均匀地填充在管节外壁和周围土体间的空隙，来减少管节与土体间的摩阻力，起

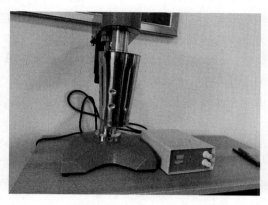
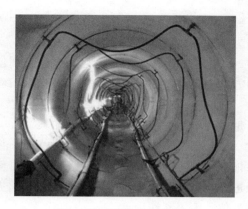

图 2　高速搅拌机对触变泥浆进行搅拌　　　　　图 3　管道注浆截面现场图

到降低顶进阻力的效果。在顶进过程中注浆的工艺顺序如下：

地面拌浆→储浆池浸泡水发→启动压浆泵→打开送浆阀→送浆（顶进开始）→管节阀门关闭（顶进停止）→总管阀门关闭→井内快速接头拆开→下管节→接长总管→循环复始。

2.3　惰性泥浆的应用

因在前期顶进过程中处于下坡阶段，在顶进过程中极易造成泥浆的流失，不能充分发挥出泥浆润滑减阻及支撑的作用，同时也会造成不必要的经济损失，因此除了在泥浆配置阶段对泥浆配比进行研究外，还应当通过在机头后面管节处注入惰性泥浆，从而形成惰性泥浆环来阻碍润滑泥浆的流失。

3　顶管测量及纠偏技术

在管道顶进过程中，对顶管机的位置以及与设计轴线之间的关系进行测量控制至关重要，以便在顶管机顶进过程中产生偏差之前及时发现并采取适当的措施来将有可能产生的偏差控制在误差所允许的范围之内。

3.1　顶进测量

该项目所采用的测量方法为将激光经纬仪安装在观测台上，它发出的激光束既为管道中心线，又符合设计坡度要求，实为顶管导向的基准线。施工开始时将顶管机的测量靶的中心与激光斑点中心重合。当顶管机头出现偏差时，相应激光斑点将偏离靶中心，测量靶图像通过视频传送到操作台的监示器上，从而观察出激光斑点偏离靶中心的偏离图像，通过控制纠偏千斤顶的伸缩量，进行顶进方向的纠正，使顶管机始终沿激光束方向前进。顶管施工中测量工作的主要任务是掌握好管线的中线方向、高程和坡度[7-8]。

3.2　顶进纠偏

顶管机的测量目标靶网格宽度约为 10mm，根据顶管机对靶激光点的测量偏移度计算顶管机斜率，伸出一个相应的矫偏千斤顶组，使其推进改变方向，从而可以实现对顶进方向的自动控制。修补偏量要缓慢地进行，使管路各节逐步复位，不得猛纠硬调。顶管机头上部附带一个测量目标靶激光经纬仪，安置在观察台上，在工作中，已使它发出的激光束既为管道中心线，又符合设计坡度要求，实为顶管导向的基准线。

在顶进过程中通过纠偏管节来进行纠偏调整，以此来控制顶管顶进方向，如果工具头的方向偏差超过偏转允许范围，即应采用纠偏千斤顶进行纠偏。

纠偏应贯穿在顶进施工的全过程，必须做到严密监测顶管的偏位情况，并及时纠偏，尽量做到纠偏在偏位发生的萌芽阶段。

如果根据顶管机的测斜仪及激光经纬仪测量偏位趋势没有减小，则增大纠偏力度，如果根据顶管机的测斜仪及激光经纬仪测量偏位趋势稳定或减小时，保持该纠偏力度，继续顶进，当偏位趋势相反时，则需要将纠偏力度逐渐减小。纠正偏差应缓慢进行，使管节逐渐复位，不得猛纠硬调。

若土质较均匀，则钢管顶管的方向就容易控制；反之，则不容易控制。为改善方向难以控制的情况，采取在顶管机后连上两节铰接管（铰接管具有柔性接口），再连接顶进钢管的措施。

3.3　顶进纠偏问题处理

通过对顶进施工过程中管道应力的实时监测，如图4、图5所示，从标准管节第3节的环向应力及轴向应力变化趋势可以判断出管道在距离洞口76m和106m位置管道轴向应力和纵向应力存在应力偏高现象。而造成应力偏高的主要原因为：在管道顶进过程中该处出现岩屑堆积，从而造成卡管现象，或在顶进过程中产生偏转，从而产生"S"弯，致使管道摩擦岩壁造成摩阻力增大，从而使管道所受轴向、环向应力也随之增大。经过对工程的进一步分析研究，我们发现致使此情况发生的主要原因是，在管道顶进过程中纠偏不及时从而产生水平"S"弯偏转。

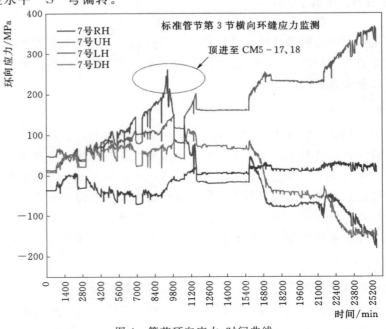

图4　管节环向应力-时间曲线

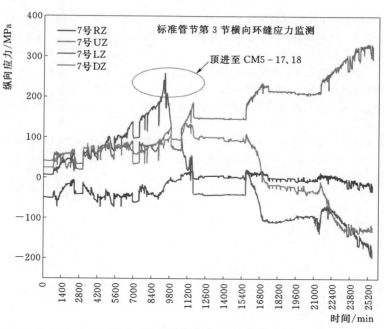

图 5　管节纵向应力-时间曲线

　　在后续施工中为了降低该处管道所受应力，主要采取了对顶管及时进行纠偏，以减小管道因偏转产生"S"弯所受的顶进阻力，并在后续施工过程中加强对顶进过程的测量工作，及时发现管道产生偏转的现象，在偏转超出误差范围之前及时进行纠偏；除此之外，还可以通过加大滚刀型号，增大岩石断面扩孔直径，保证管道距离岩石两边有 80～100mm 空间，减小管道摩擦岩壁距离，可以起到降低摩阻力的效果。

4　结语

　　本文主要针对福建省平潭及闽江水资源配置工程详谦农场—城门水厂段顶管工程施工过程中所遇到的泥浆流失问题，以及因纠偏不及时产生管道偏转致使管道顶级摩阻力过大等问题进行了分析处理。所采取的主要措施如下：

　　（1）通过对泥浆配比进行试验研究，得出适用于该工程的触变泥浆配比，以减缓泥浆的流失，以及减少顶进过程中的摩阻力，除此之外再将机头后管节处注入惰性泥浆，对触变泥浆进行封堵，以尽可能解决泥浆流失过快问题。

　　（2）加大滚刀型号，增大岩石断面孔直径，减小因偏转产生的管道与岩壁摩擦距离，并对管道进行纠偏，在后续施工中加强对管道顶进过程中的测量工作，尽可能避免偏转的再次发生。

参　考　文　献

[1]　黄亚. 长距离大管径顶管施工技术及造价控制措施 [J]. 工程建设与设计，2021（1）：202 - 204.

［2］　高峰.长距离顶管施工常见问题的技术处理措施研究［J］.城市建筑，2021，18（2）：177－179.

［3］　简崇林，马孝春.长距离顶管工程中注浆减摩作用机理及效果分析［J］.探矿工程（岩土钻掘工程），2010，37（12）：65－67，73.

［4］　李辉，王成.注浆减摩技术在顶管施工中的应用［J］.水运工程，2010（3）：144－146.

［5］　刘慧明.大断面矩形顶管减阻泥浆配制与注入技术［J］.山西建筑，2020，46（21）：64－65.

［6］　王春婷，隆威.大口径长距离顶管工程泥浆配方试验研究［J］.铁道科学与工程学报，2014，11（1）：106－111.

［7］　王浩.长距离顶管平面控制测量关键技术［J］.城市道桥与防洪，2021（2）：102－106，13.

［8］　王福芝.大直径长距离顶管润滑泥浆方案研究［J］.地质科技情报，2021，18（2）：177－179.

福建省平潭及闽江口
水资源配置工程顶管机选型设计

黄智刚[1]　阮仁酉[2]　潘振学[2]

（1. 福州水务平潭引水开发有限公司，福建福州　350001；
2. 核工业井巷建设集团有限公司，浙江湖州　313000）

摘　要： 在福建省平潭及闽江口水资源配置工程的顶管施工中，本文针对其特殊的地质条件进行顶管机的适应性选型，通过分析工程施工环境与难点，提出了相应解决方案及其关键性技术，最终选择顶管机类型为泥水平衡式顶管机，并为其配备能适应不同地质条件的刀盘与刀具，设计了在超长距离顶进过程中可保证工程精度的方向纠偏技术与顶推力控制技术，同时为处理大型障碍物设计了相应的二次破碎功能。该顶管机选型设计案例可为类似工程提供借鉴。

关键词： 平潭及闽江口水资源配置工程；顶管机选型；超长距离顶进

顶管技术作为一种非开挖的管道施工技术，在施工过程中对城市建筑物以及交通影响小，在稳定土层的同时也减少了对环境的破坏，因而在地下管道工程中得到了广泛的应用。但顶管机结构形式较为多样，在工程开展之前，应依据不同施工环境与地质条件的特点，针对实际情况选择适合的顶管掘进机。本文结合福建省平潭及闽江口水资源配置工程实践，对适用于复杂土质条件与长距离施工的顶管掘进机选型及设计进行探讨与分析。

1　工程概况

1.1　工程简介

福建省平潭及闽江口水资源配置工程由"一闸三线"组成，其中大樟溪—福州、长乐输水工程城门支线是"三线"中的重要部分，如图1所示，该顶管路线配备有工作井3座、接收井2座。根据该段地质条件，工程前2.689km段（即工作井4至接收井1工程段）为直线顶管，采用DN1600钢管，后1.145km段（即工作井5至接收井4工程段）为曲线顶管，采用DN2000钢管。本文将针对工作井5至接收井4工程段的顶管机设计及顶管技术进行研究，顶进长度为1.145km，输水管道区域地表多被积层淤泥与中砂层所覆盖，地下水类型主要为孔隙潜水，河道水深5～15m。

1.2　地质条件分析

根据工程地质勘察报告，城门输水支线顶管段拟建场地自上而下各土层工程地质特征

图1　城门水厂输水管道顶管线路

为人工填土、淤泥、中砂、粉质黏土、强风化凝灰岩、中风化凝灰岩、弱风化凝灰岩。埋管段管道大部分位于淤泥或细砂层、残积土层上，土层主要有淤泥、弱～强风化熔岩、砂质黏土与全风化基岩，在淤泥和中砂层中顶管施工较为容易，而在弱～强风化熔岩中顶管施工难度较大。

1.3　工程难点

该顶管施工的难点在于：①施工距离长，顶管线路全长1145m；②轴线多变，顶管段分为3个直线段和2个曲线段；③穿越淤泥、中砂、强～弱风化熔岩，地层复杂；④施工位置位于乌龙江底，地下水丰富，管道位于水面30m以下，施工全程处于高水压下，对设备密封性能要求非常高。

复杂的土质条件与超长的施工距离对顶管机的适应性选型提出了极大的考验，同时针对工程特点所需配备的关键技术也为顶管机的设计提高了难度。

2　顶管机选型设计

2.1　顶管机设计要求

该顶管机设计主要把握的原则为：①与土质相适应；②与施工条件相适应；③确保施

工安全、可靠；④确保施工经济性良好。针对工程实际情况，顶管机功能需满足以下几个方面：

（1）顶进方向的监测与纠偏。工程中顶进路径存在较多曲线段，曲率半径为 6000m，由于钢管刚度大，曲率半径太小，造成施工难度巨大，为保证顶进方向的精确控制，该顶管机需能严密监测顶进姿态，并能完成纠偏。

（2）刀盘与刀具的特殊性。针对特殊的土层条件，顶管机刀盘与刀具的选择需与之相适应，工程段土质属于以凝灰熔岩层为主的复合地层，因此刀具的配置需能完成在不同土质中的切割，另考虑到长距离施工中刀具的磨损情况，内部刀具更换功能也需进行相应设计。

（3）障碍物的处理。顶管机掘进过程中会穿越风化岩体层，遇到砾石等硬度较高的大块障碍物，因此在设计过程中，顶管机对于障碍物的破碎，以及破碎后碎石的处理也极为重要。

（4）顶力的控制。顶管段长度为 1145m，长距离施工中顶力的控制极为重要，针对工程段的复合地层，需对顶力进行合理分配，以达到理想的掘进效果。

（5）安全性与经济性。满足顶管机所需配备性能的同时，对于顶管施工过程中的安全性也需进行考虑，顶管机零部件的选用要符合国家的相关标准，经济方面也力求其性价比在合理的范围之内。

2.2 顶管机类型的确定

在顶管机的设计过程中，首先需对顶管机类型进行确定，针对土质条件选用合适的顶管机机型，对于顶管施工起着关键作用，也为后续设计进行铺垫。该工程将顶管机类型选定为适应大多数不同地质、破碎能力强、施工精度高、防水性好的泥水平衡式顶管机。

2.3 顶管机机头刀盘结构设计

顶管机的刀盘结构可分为面板式与辐条式两种，相较而言，面板式刀盘在施工过程中扭矩较大，更有利于保持刀盘开挖面的稳定，另外在该顶管机的顶进过程中，需要满足在硬岩地层中对障碍物的破碎以及长距离过程中刀具的更换，而这两点也是辐条式刀盘所缺乏的性能，因此该设计中选用面板式刀盘以满足在复合地层条件下的掘进。

为了保证施工过程中刀盘的密封性，在刀盘与驱动箱之间设计了一组特殊的密封装置以确保机头工作过程中抵挡住泥土和水，该刀盘的支撑方式选择为中心支承结构，同时为减少刀盘外周的磨损，在外圈表面堆放耐磨板条。

2.4 顶管机刀具配置及布置

考虑到该工程的长距离工作，刀头选用耐磨性能较好的硬质合金刀头，并设计换刀仓以完成刀具的更换。

刀盘刀具数量确定为边缘单刃滚刀 6 把，正面双刃滚刀 6 把，边缘刮刀 8 把，正面刮刀 13 把，刀具呈放射状排布在刀盘正面。

3 顶管机关键技术

3.1 顶推力控制

为了确保在长距离曲线顶进施工过程中控制顶推力，该工程采用中继间进行接力顶进，每段顶进过程中所需顶力由中继间提供，城门输水线路共设有 15 套中继间，第一套布置于机头后方约 50m，往后每套中继间间隔为 80～150m。

作为顶管机掘进过程中的重要参数，在顶管机设计之前，需要对顶管机的顶推力进行预计算，根据《给水排水管道工程施工及验收规范》（GB 50268—2008）中相应的公式计算，得到每套中继间所需满足的最大顶推力为 7338kN，考虑到特殊情况，每套中继间将安装 20 只 500kN 双作用油缸，总推力能达到 10000kN（顶力有效利用率按 70％～80％考虑，该案例取 75％），因此在施工中将中继间顶力控制值暂定为 7500kN，油泵为 JB - 30 高压油泵，最高油压为 31.5MPa，油缸行程为 500mm。

3.2　二次破碎技术

顶管机穿越强、弱风化岩层时，江底存在的砾石、古树等大块障碍物会影响掘进，刀盘结构上虽然采取了滚刀装置以完成对硬岩的切割，但仅靠切削刀具极难将大块岩石破碎至能进入输送管道的碎渣，为了完成岩体的破碎，二次破碎技术在该工程的应用极为重要。

掘进过程中，首先由刀盘上的切削工具完成对障碍物的初次破碎，使得岩石达到二次破碎能够接受的程度后，碎石进入二次破碎仓内完成进一步的破碎，得到的碎渣再通过进泥孔进入泥水仓后由输送管道排出。

3.3　测量与纠偏技术

顶管机刀盘切削土体的扭矩主要是由顶管机壳体与土层之间的摩擦力矩来平衡，当摩擦力矩无法平衡刀盘切削土体产生的扭矩时，顶管机将产生滚动偏差。另外，由于顶管机表面与地层间的摩擦阻力不均匀以及开挖面上土压力的差异，也会导致一定程度的方向偏差。为了保证施工的精确性，在发现顶进过程中出现偏差时，需要立即作出纠偏调整。

该顶管机的测量系统由两大部分组成，其一是安装在前壳体上的测量靶，其二是安装在前壳体内的倾斜仪。在监测顶管机姿态时，从一固定基准点向测量靶发射激光束以判断顶管及掘进方向的偏差，倾斜仪可以判断顶管及前壳体的水平姿态、仰俯状态以及偏转状态。针对该工程的要求，在施工过程中需实时监控，不间断地分析顶进轨迹，并预判轨迹趋势。纠偏过程主要依靠纠偏油缸所提供的顶力完成。

4　顶管机应用验证

4.1　顶管机掘进参数设计

根据顶管机应用的地质工况和技术要求，完成顶管机掘进参数设计，见表 1。

表 1　　　　　　　　　　　　顶 管 机 参 数

钢管尺寸（内径×外径）/mm		1978×2022
顶管机外形尺寸（外径×长度）/mm		2050×4600＋2000
切削刀盘 （带锥体二次破碎）	刀盘切削直径/mm	2120
	电机功率/kW	22×4＝88
	转速/(r/min)	1.2～2.0～2.8（变频调速）
	最大扭矩/(kN·m)	440

续表

切削刀盘 （带锥体二次破碎）	系数 α	5.5
	岩石滚刀直径/mm	318
	岩石滚刀数量/个	12
	滚刀安装形式	后装
	圆弧刮刀数量/个	4
	正刮刀数量/个	13
	与滚刀互换的刮刀数量/个	12
纠偏参数	油缸数量/个	4
	油缸推力/t	120
	纠偏角度/(°)	3（上下、左右）
	电机功率/kW	2.2
进排浆系统	管径/mm	150
顶进速度/(m/min)		60
机头总功率/kW		90.2
适应土质		适应于普通土层到卵石、岩盘等复合地层，岩石硬度小于 200MPa
控制方式		机外操作台控制，机内有线手持式控制器控制

4.2 顶管机性能特点

该顶管机配备有硬岩掘进复合刀盘，采用低速大扭矩传动方式，刀盘切削力强，能够掘进 100MPa 以上的硬岩层，具备二次破碎岩石的能力。另配备有气压作业舱，设有应急窗口及人员通道，可用来更换刀具及处理开挖面异常状况，维修保养方便。顶管机各部位防水密封应满足施工需要，设计压力不应小于使用压力的 1.5 倍，同时采用可靠性非常高的主轴密封装置，施工精度高，最大纠偏角度达 3°。

独立的管道顶进自动压注减阻泥浆系统也使得管道内施工环境较好，施工安全可靠，采用泥水管路连续弃渣，加快了顶进速度的同时也提高了安全性能。在进行施工掘进时其噪声及振动都很小，同时也降低了对周围土体的扰动。为了提高对掘进过程中的姿态监控，配备有激光测量仪、激光指向仪、超长距离顶进自动测量系统。

该顶管机机型结构紧凑，使用维修保养简单，在工作坑、接收坑可整体吊装，也可拆装，采用地面集中控制，使其安全、直观、方便。希望该项目的设计分析能为今后类似工程提供一定的借鉴。

参 考 文 献

[1] 杨东发. 岩石破碎型顶管掘进机的研究与应用 [J]. 建材发展导向，2017（15）：364-366.
[2] 陈奇志. 拱北隧道超大管幕工程顶管机选型与应用技术 [J]. 国防交通工程与技术，2015（3）：67-69，53.
[3] 郭映聪. 砾石破碎型泥水平衡顶管机的选型方法 [J]. 都市快轨交通，2007，20（4）：71-74.

隧洞爆破技术

下穿高速公路输水隧洞爆破设计

黄智刚

（福州水务平潭引水开发有限公司，福建福州 350001）

摘　要： 修建输水隧洞将大型湖泊水源向城市供给，是缓解城市用水困难的重要手段。输水隧洞施工过程中下穿既有高速公路，会对其路基、路面产生较大危害。在福建省平潭及闽江口水资源配置工程中，输水隧洞需要下穿 G15 高速公路。本文通过对隧洞施工风险进行分析，提出了下穿高速公路输水隧洞爆破优化设计方案，获得了较好的爆破效果，爆破振动得到了有效控制。该工程可为下穿高速公路输水隧洞爆破设计与施工提供参考。

关键词： 输水隧洞；下穿高速公路；爆破设计；台阶法

0　引言

随着我国城市化的不断推进，城市用水困难日益加剧。修建输水隧洞将大型湖泊水源供给城市使用，是缓解城市用水困难的重要手段[1-3]。输水隧洞施工过程中下穿既有高速公路，会对其路基、路面产生较大危害。下穿高速公路隧洞施工风险主要包括两方面：隧洞施工的爆破振动、地表沉降、围岩失稳等对高速公路路基、路面的影响[4-5]；既有高速公路车辆运行对隧洞施工的不利影响[6]。

本文针对福建省平潭及闽江口水资源配置工程中，输水隧洞需下穿 G15 高速公路的问题，分析隧洞施工风险，考虑主要风险源，对下穿高速公路输水隧洞爆破方案进行优化设计。

1　工程概况

福建省平潭及闽江口水资源配置工程是一项跨区域的重大水利工程，属于国务院推进建设的 172 项节水供水重大水利工程之一。工程第 4 标段（大樟溪—石溪输水线路）由主洞和多条支洞组成，隧洞累计长度高达 42078m。

输水隧洞下穿 G15 高速公路，交叉位置路面高程约为 49.00m，隧洞顶高程为 24.79m，隧洞顶板与路面高差为 24.21m，高速公路与隧洞轴线夹角为 83.4°。下穿段沿线地表为厚 5～9.7m 的砂质黏土层，下伏全风化和强风化凝灰岩，下限为 22.6m。隧洞处于中-微风化岩层，围岩等级为 Ⅲ～Ⅳ 级，稳定性较差。

2　施工风险分析

下穿高速公路输水隧洞施工中，主要施工风险包括隧洞施工引起路面沉降、车辆运行诱发隧洞塌方和隧洞爆破振动有害效应等三个方面[7-8]。

（1）隧洞施工引起路面沉降。隧洞开挖将导致地表下沉，对地面建（构）筑物产生不利影响。对于隧洞埋深小于 3 倍洞径的浅埋隧洞，引起的地表沉降较大。该工程中，下穿地段隧洞埋深为 24.21m，根据计算结果，下穿段隧洞属于深埋段。深埋隧洞可以形成自然坍落拱，隧洞开挖对地表影响极小，基本不会引起高速公路路面下沉。

（2）车辆运行诱发隧洞塌方。高速公路运行车辆会产生动载，动载经路面、岩体传递到隧洞顶板，造成隧洞顶板受力、震动，进而引起隧洞塌方[9]。隧洞塌方将直接影响施工人员安全，同时隧洞塌方有可能波及地表，有可能造成道路路面塌陷，影响道路交通安全。因此，在下穿过程中，需控制车辆运行中的动载，控制车速，将动载控制到最低程度。

（3）隧洞爆破振动有害效应。爆破产生的有害效应主要包括爆破振动、飞石和空气冲击波[10-11]。爆破地震波通过岩体传导到高速公路，引起路基和路面振动，其峰值振动速度可能超过限值，将对高速公路结构稳定性造成威胁。

根据上述分析可知，下穿高速公路输水隧洞施工风险中爆破振动有害效应的影响最大，需要对爆破设计进行优化，减小爆破振动强度，确保下穿高速公路输水隧洞施工安全。

3　下穿高速隧洞爆破设计

3.1　开挖方式

隧洞下穿高速公路位置围岩等级为Ⅲ～Ⅳ级，围岩稳定性较差。为有效降低爆破振动影响，避免隧洞塌方，下穿位置前后 50m 范围内均采取台阶法爆破施工，上、下台阶进尺均取 1m。

3.2　炮眼设计

炮眼数量根据经验公式确定[12-13]：

$$N=\frac{qs}{r\eta} \tag{1}$$

式中：N 为炮眼数量；q 为炸药单耗，根据隧洞工程经验及有关资料，岩石坚固性系数 $f=5\sim8$ 时，隧洞掘进炸药单耗为 1.7kg/m³；s 为隧洞掘进断面面积，取 19.35m²；r 为每米炸药质量，2 号岩石炸药取 0.78kg；η 为炮孔装药系数，取 0.7。

计算得到的炮孔数量为 59 个。考虑到台阶法开挖、光面爆破及中心空眼，隧洞炮孔数量确定为 60 个。掏槽眼采用平行空眼直线掏槽，各掏槽眼互相平行且呈对称形式排列，炮孔间距 0.2m，中间一个为空眼。辅助眼和光爆眼均匀布孔，辅助眼间距 0.53～0.7m，

光爆眼距轮廓线 $0.1\sim0.15\mathrm{m}$。炮眼布置如图1和图2所示。

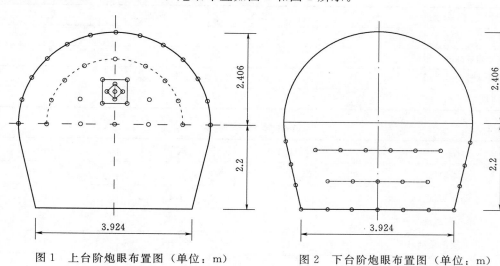

图 1 上台阶炮眼布置图（单位：m）　　　　图 2 下台阶炮眼布置图（单位：m）

3.3　钻爆参数

（1）炮眼参数。爆破采用 YT-28 型凿岩机进行钻眼，炮眼直径 $d=38\sim42\mathrm{mm}$。由于上下台阶进尺控制在 1m，掏槽眼增加超深 0.3m，其他眼增加 0.1m，因此掏槽眼深度为 1.3m，其他炮眼深度为 1.1m。

（2）爆破药量。掏槽眼、辅助眼和底眼药量计算[14]：

$$Q=(L\times\alpha)\div m\times P \tag{2}$$

式中：Q 为装药量，kg；L 为炮眼深度，m；α 为装药长度比例；m 为药卷长度，m；P 为每卷炸药质量，kg。

计算得到掏槽眼、辅助眼和底眼的单孔装药量分别为 1.04kg、0.77kg，0.825kg。

周边眼药量计算[15]：

$$Q=q_{线}L \tag{3}$$

式中：Q 为装药量，kg；q 为线装药密度，kg/m，该工程取 0.12；L 为炮眼深度，m。

计算得到周边眼的单孔装药量为 0.132kg

（3）微差起爆。采用毫秒微差非电雷管一次起爆方法起爆，起爆顺序为：掏槽眼→辅助眼→底眼→周边眼，应选用 1～11 段毫秒雷管，相邻炮孔的起爆时差应不大于 100ms。各类炮眼的钻爆参数见表1和表2。

表 1　　　　　　　　　　　　　上 台 阶 钻 爆 参 数 表

名　　称	掏槽眼	辅助眼	底眼	周边眼
炮眼数量/个	4	13	7	11
炮眼深度/m	1.3	1.1	1.1	1.1
单孔装药量/kg	1.04	0.77	0.825	0.132
总装药量/kg	4.16	10.01	5.775	1.425

续表

名　　称	掏槽眼	辅助眼	底眼	周边眼
起爆顺序（段别）	1	3、5、7	11	9
总装药量/kg	21.37			
炮眼总数/个	36（含空眼1个）			
比耗药量/(kg/m³)	1.82			

表2　　　　　　　　　下台阶钻爆参数表

名　　称	辅助眼	底眼	周边眼
炮眼数量/个	11	7	6
炮眼深度/m	1.1	1.1	1.1
单孔装药量/kg	0.77	0.825	0.132
总装药量/kg	8.47	5.775	0.792
起爆顺序（段别）	1、3	7	5
总装药量/kg	15.037		
炮眼总数/个	24		
比耗药量/(kg/m³)	1.22		

3.4　装药结构

掏槽眼、辅助眼、底眼采用耦合连续反向起爆装药结构。为了最大限度地降低爆破对围岩的损伤，周边眼采取间隔不耦合装药结构。装药结构如图3和图4所示。

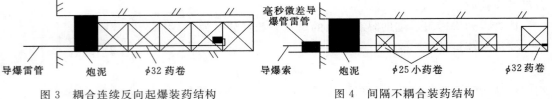

图3　耦合连续反向起爆装药结构　　　　　　　图4　间隔不耦合装药结构

4　爆破效果分析

隧洞爆破后对开挖质量进行了检测，爆破岩面较为平整，残留炮眼痕迹清晰，如图5所示；平均超挖在15cm以内，残孔率在85％以上。检测结果表明，该方案爆破设计参数合理，取得了较好的爆破效果。

根据爆破安全规程[16]和施工方案，高速公路的安全振速为10m/s。在路面设置2个监测点，进行了6次爆破振动监测，结果如图6所示。实测爆破峰值振速在3.04～5.41cm/s，远小于安全振速，说明隧洞爆破振动效应得到有效控制，对高速公路的影响较小。

图 5　拱部爆破效果

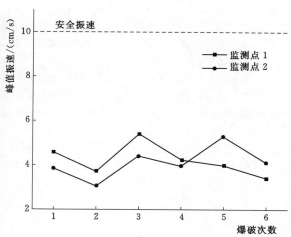

图 6　监测点峰值振速

5　结语

　　下穿高速公路输水隧洞施工风险较大，易引起路基、路面沉降，威胁高速公路结构稳定。针对该项目实际工程特点，详细分析了施工风险，提出了下穿高速公路输水隧洞爆破优化设计方案。平均超挖控制在 15cm 以内，残孔率在 85％ 以上，路面爆破峰值振速远小于安全值，可安全完成下穿高速公路隧洞施工，可为下穿高速公路输水隧洞施工提供参考。而对下穿高速公路隧洞支护设计和施工管控仍有待进一步研究。

参 考 文 献

［1］　吴剑疆.大埋深输水隧洞设计和施工中的关键问题探讨［J］.水利规划与设计，2020（4）：120 - 125.

［2］　聂盛明.引水隧洞穿越糜棱岩断层破碎带施工方法选择研究［J］.水利技术监督，2020（3）：307 - 309.

［3］　孙铁蕾，杨莉，王洁，等.引汉济渭输配水干线工程总体布局方案研究［J］.水利规划与设计，2019（8）：137 - 142.

［4］　宋战平，王凯蒙，王涛，等.浅埋地铁隧道下穿高速公路施工方法比选［J］.西安建筑科技大学学报（自然科学版），2019，51（4）：503 - 510，596.

［5］　韩永祥.浅埋地铁隧道下穿高速公路施工方法比选［J］.冶金与材料，2020，40（3）：42，44.

［6］　贾蓬，赵文，周佳俊，等.浅埋铁路隧道下穿高速公路施工方法比选［J］.北京工业大学学报，2014，40（8）：1256 - 1262.

［7］　钟文亮.铁路隧道下穿既有高速公路隧道施工控制技术研究［J］.冶金与材料，2020，40（3）：87，90.

［8］　赵琳，李豫东，刘章伟，等.超浅埋隧道下穿高速公路施工沉降及控制研究［J］.河南大学学报（自然科学版），2020，50（1）：118 - 126.

［9］　曹志刚，唐浩，袁宗浩，等.地表交通荷载引起邻近浅埋隧道振动评价研究［J］.岩石力学与工

程学报，2019，38（8）：1696-1706.

[10] 刘占超. 取水口岩坎爆破振动监测设计与数据分析 [J]. 水利技术监督，2019（6）：246-249.

[11] 林立宏，倪迪，朱爱山，等. 小近距隧道扩挖爆破作用下邻洞振动响应研究 [J]. 爆破，2020，37（1）：141-146.

[12] 袁绍国. 控制爆破理论与实践 [M]. 天津：天津大学出版社，2007.

[13] 严立炜. 来宾市加旦—良马隧洞工程洞挖爆破方案设计 [J]. 黑龙江水利，2017，3（8）：90-94.

[14] 陈鹏. 大型引水支洞开挖围岩爆破技术及其参数优化设计研究 [J]. 水利规划与设计，2019（1）：107-108，112.

[15] 韦庆华. 光面爆破技术在引水隧洞特殊洞段开挖中的应用 [J]. 企业科技与发展，2015，23（11）：42-44.

[16] 国家质量监督检验检疫总局，国家标准化管理委员会. 爆破安全规程：GB 6722—2014 [S]. 北京：中国标准出版社，2015.

耦合聚能水压爆破技术在隧道爆破施工中的应用

包建峰　廖晋川

（中铁十七局集团第六工程有限公司，福建福州　350014）

摘　要： 为了解决北山隧道出现的隧道超挖问题，在施工过程中采用耦合聚能水压爆破技术。在试验的过程中，根据聚能管装置的爆破技术原理和装填技术的要点，严格执行每一操作步骤，并结合现场爆破数据与常规光面爆破进行技术、经济效果对比。结果表明，耦合聚能水压爆破技术成型效果好，节约爆破材料，降低了施工成本，提高了劳动生产率，该项技术有助于实现隧道开挖"精细化"和"绿色施工"，对类似工程具有一定的参考价值。

关键词： 聚能爆破；隧道掘进；成本分析；施工质量；精细化；绿色施工

1　工程概况

长乐前塘至福清庄前高速公路 A3 合同段北山隧道出口位于福建省福清市境内，为分离式双洞隧道，隧道全长 1386.47m，左洞长 1382.939m，右洞长 1390m。洞身岩石为中风化熔结凝灰岩，属较坚硬岩，岩体破碎较完整，除断层及节理密集划为 Ⅳ～Ⅴ 级围岩外，其余围岩为 Ⅱ～Ⅲ 级围岩，对隧道总体围岩的稳定较有利。根据现场及配置条件，我们采用了耦合聚能水压爆破技术进行爆破，现对北山隧道出口耦合爆破工法具体做法介绍如下。

2　聚能爆破技术简介

2.1　原理

聚能爆破炮孔中由聚能管装置替代了常规光面爆破炮孔中的药卷和传爆线，炮孔的最底部和上部有水袋，用专用设备加工成的水砂袋回填填塞。

常规光面爆破炮孔中的炸药爆炸后，在岩石传播应力波时产生径向压应力和切向拉应力，由于光爆炮孔相邻互为"空孔"，所以在光爆炮孔连线两侧产生应力集中度很高的拉应力，超过了岩石抗拉强度，于是使炮孔之间岩体形成的初始裂缝要比其他方向厉害得多，除此之外，炸药爆炸生成的高压气体膨胀产生的静力作用促使初始裂缝进一步延伸扩大。而聚能爆破除上述应力波作用外，聚能槽产生的高温高压射流以及光爆孔中的水砂袋在爆炸作用下产生的"水楔"效应，促使岩石初始裂缝延伸扩大。聚能光爆炮孔由于水砂袋复合填塞，可有力控制炸药爆炸生成的膨胀气体于炮孔中，其膨胀气体静力作用要比常规光面爆破不填塞强得多，更有利于已形成的裂缝再延伸扩大。

聚能爆破由于聚能管的高温高压射流"水楔"作用以及增强了膨胀气体的静力作用，解决了常规光面爆破的不足。同时由于在炮孔中放置了水袋，在爆破过程中产生的水雾起到了降尘的效果，改善了作业环境，保护了施工人员的身体健康。

2.2　聚能装置装药技术

聚能管采用一种抗静电阻燃的特种塑料管制成，形状为异形双槽，管长 2m、2.5m、3m 不等。聚能管根据炮孔深度可长可短，是由两个相似半壁管组成的，管壁厚 2mm，半壁管中央有一个凹进去的槽，叫做"聚能槽"，聚能槽顶角为 70°，距离聚能槽顶部 17.27mm，半壁管宽度约为 24.18mm，两半壁管相扣成的聚能管宽度约为 28.35mm。为调节聚能槽对准开挖轮廓面，两半壁管可调聚能角度为 8°～10°，聚能管装置中的炸药为乳化炸药。聚能管内部尺寸形成的截面就是炸药的截面。

2.3　聚能管截面尺寸

聚能管装置中的传爆线和起爆雷管为施工现场通用的起爆器材，起爆雷管段别与常规光面爆破相同。往半壁管中注药需要注药枪和空压机等设备，注药枪长 45cm，质量为 0.8kg；小型空压机功率为 800W，质量为 23kg。往半壁管中注药的步骤为：①将药卷切成两段，沿纵向把包装皮切开，然后将两药卷沿纵向切开面合并并装入注药枪筒中，最后拧紧旋转盖；②给注药枪加压，其压力为 0～2 个大气压；③手握注药枪沿半壁管从头至尾移动，炸药就从枪口连续不断地流入半壁管中。注好炸药的两个半壁管相扣之前在其中一个半壁管中放置一根传爆线，然后合并装在一起，装上起爆雷管，至此聚能管基本组装好。

为保障聚能管装置中的聚能槽对准隧道轮廓面以防止转动，要在聚能管装置的两端套上塑料套圈，这样聚能管才算完全组装好。要特别指出的是，为了安全，在聚能管装置组装房内最好不要安装起爆雷管，待运到掌子面时再安装。整个注药过程操作简便快捷，一个循环光爆炮眼所需要的聚能管装置可在 1h 左右组装完毕。

3　聚能爆破试验过程

为提高北山隧道出口端光面爆破效果，采用聚能管爆破进行开挖爆破试验。

3.1　试验时间及地点

2018 年 7 月 15—17 日，在北山隧道出口右洞进行了 3 个循环的耦合聚能爆破试验（周边眼采用耦合聚能管爆破）。

3.2　试验过程

（1）2018 年 7 月 14 日下午，对北山隧道出口右洞开挖班组进行了耦合聚能管爆破现场交底（见图1），要求开挖班钻孔过程中周边眼间距控制在40cm，比普通爆破方式周边眼间距要大。周边眼个数为55~56个。

（2）2018年7月15日，在右洞钻孔过程中，提前领炸药，炸药到场后开始进行炸药的二次加工。炸药的二次加工主要包括以下几点：

1）拆开乳化炸药，用注药枪装置将炸药注入到聚能管中。

2）将聚能管放在孔底的一端，放置导爆索（红线），长度为100cm，外部预留30cm，其余部分放置在炸药内，之后封盖聚能管。

3）将单节炸药划出一个小口，将聚能管端头预留的导爆索插入炸药中，保证聚能管内炸药以及单节炸药连接好，采用专用夹片及电工胶带将炸药及导爆管固定牢固。

图1 现场聚能爆破交底

图2 聚能管中注入炸药

图3 炸药及导爆管固定

4）在加工好的聚能管两端分别套入特制的定位海绵，以保证装药时聚能管不会在孔内来回晃动。

5）由于试验时现场只有4m尾线的导爆管，聚能管的长度为3m，若采用孔底装药，则孔口只能预留1m导爆管长度，不方便连接起爆，故采用孔口装药，正向起爆。

（3）周边眼用聚能管加工完成后，待钻孔完成开始进行装药，装药过程中注意聚能管封口的一面朝向轮廓线内，同时聚能穴的方向要对向前后的周边孔，以保证爆破过程中开挖轮廓线圆顺。

（4）封口采用专用的水砂袋，水砂袋采用黄砂及清水灌注，水砂袋长度为30cm，提前安排人员用黄砂及清水灌注好，以不耽误钻孔及装药时间。在孔口位置放入导爆雷管，注意装药、连线过程中不要将导爆雷管撤掉，以避免起爆不成功。

（5）整个装药完成后，起爆，出渣后观察并检测爆破效果。

4 工效分析

4.1 钻孔

22台YT28风钻机钻孔时间为2h30min，由于周边眼孔数减少10~15个，整体钻孔时间减少30min。周边眼钻孔深度为4m，总体钻孔数约160个。

4.2 装药

聚能管爆破炸药需要二次加工，封口用水砂袋需要提前加工，据现场加工时长的统计，2个熟练工、1个安全员、1个爆破员，大约2h30min可将一循环爆破用聚能管及水砂袋加工完成。由于周边眼炸药已提前加工完成，只需将加工好的聚能管放入周边孔中即可，周边眼装药时间减少30min左右。

4.3 起爆后

出渣基本与原工效相同，出渣大约3h30min。单循环总计节省时间：30min＋30min＝1h。

5 爆破效果分析

5.1 一次爆破进尺

总计进行三次爆破试验，各次爆破进尺分别为3.7m、3.75m、3.8m，平均爆破进尺为3.7m。

5.2 超欠挖情况

7月15日，爆破第一次，断面扫描长度为3.7m，平均线性超挖10.5cm；7月16日，爆破第二次，断面扫描长度为3.75m，平均线性超挖12.1cm；7月17日，爆破第三次，断面扫描长度为3.8m，平均线性超挖11.2cm。

5.3 周边眼残留率

第一次爆破周边眼55个，半孔个数55个，周边眼残留率100%。

第二次爆破周边眼（聚能管装药）56个，周边眼残留率100%。

第三次爆破周边眼55个，半孔个数53个（2个孔未爆破，怀疑是工人装药过程中将雷管扯出聚能管，雷管未爆）。

6 成本对比分析

6.1 单循环增加成本

聚能管每延米单价8元，按照周边眼56个孔计算，每个孔聚能管长度为3m，总计长

度为 $56×3＝168m$，总计金额为 $8×168＝1344$ 元。

水砂袋大概使用 120 个，1 元一个，总计 120 元。夹片使用 $56×2＝112$ 个，2 元一个，总计 224 元。

总计增加成本为 $1344＋120＋224＝1688$ 元。

6.2　单循环节约成本

6.2.1　导爆索

周边孔 56 个，每个孔用 1m 导爆索，总计 56m；之前每个孔大约用 4m 导爆索，加外部连线 30m，总计长度为 $4×56＋30＝254m$；单循环节约导爆索 $254－56＝198m$，导爆索每延米单价 5.74 元，节约成本为 $198×5.74＝1136.52$ 元。

6.2.2　炸药

周边孔之前单孔装药 3 节，采用聚能管后 3m 聚能管装药同样也为 3 节，但是周边眼孔数减少 10 个，总计节省炸药 $56×3＝168$ 节，单节装炸药 0.2kg，节省炸药 $0.2×168＝33.6kg$，1t 炸药 13600 元，总计节省 $33.6/1000×13600＝456.96$ 元。

6.2.3　雷管

周边眼雷管个数减少 10 个（7 号雷管），单价 6.5 元，总计节省 $6.5×10＝65$ 元。

6.2.4　喷射混凝土

7 月 15 日，爆破第一次，断面扫描长度为 3.7m，总计超挖量为 $11.9m^3$（平均每班超挖量为 $3.2m^3$）；7 月 17 日，爆破第二次，断面扫描长度为 3.75m，总计超挖量为 $13.1m^3$（平均每班超挖量为 $3.5m^3$）；7 月 17 日，爆破第三次，断面扫描长度为 3.8m，总计超挖量为 $14.51m^3$（平均每班超挖量为 $3.81m^3$）。三次爆破平均每班超挖量为 $3.5m^3$。

相比之前右洞超挖数据每延米 $4.55m^3$（根据右洞之前两个月爆破超挖数据统计），每延米节约混凝土 $4.55－3.5＝1.05m^3$。

每循环进尺按照 3.7m 计算，节约 $1.05×3.7＝3.885m^3$ 混凝土。C25 喷射混凝土平均单价按照 500 元计算，节约消耗 $3.885×500＝1942.5$ 元。

总计节约成本为 $1136.52＋456.96＋65＋1942.5＝3600.98$ 元。

由上述计算可知，爆破进尺按照单循环 3.7m 计算，采用聚能爆破后，每循环节约成本为 $3597.96－1688＝1909.96$ 元。

7　优化建议

（1）炮眼布置过多，可邀请爆破专家对钻爆设计进行优化，优化后可再减少炮孔数量，节省炸药成本。

（2）建议炮眼深度加深，根据掏槽眼最深进尺计算，周边眼深度最好达到 4.5m，同时聚能管长度加长到 3.5m，有效爆破进尺能达到 4m 以上，增加单循环爆破进尺，加快施工进度。

（3）建议全部炮孔采用水砂袋进行封堵，保证爆破效果的同时节约部分炸药用量，可进一步降低施工成本。

8　结论

（1）耦合聚能水压光面爆破技术集聚能爆破、光面爆破两者的优点于一身，充分利用了炸药聚能爆破产生集中爆破能的原理，较好地控制了聚能射流面与光爆面吻合，因此可显著增大预裂光面爆破的孔距，即减少造孔工作量；聚能光爆还减少了围岩扰动，提高了保留岩体的完整性和稳定性，保证了开挖轮廓线的圆顺、整齐，残孔保留率高，超挖减少，支护混凝土成本降低。

（2）施工进度快，且施工质量明显提高，降低生产成本显著，有效地提高了经济效益和社会效益。操作时严格按照施工方案布设周边孔，严格控制聚能管的开口方向，并使用水袋、炮泥填塞，达到了"定向断裂"的理想效果。

参　考　文　献

[1]　蔡福广. 光面爆破新技术［M］. 北京：中国铁道出版社，1994.

[2]　龙维祺. 爆破工程［M］. 北京：冶金工业出版社，1992.

[3]　何广沂，徐风奎，荆山，等. 节能环保工程与爆破［M］. 北京：中国铁道出版社，2007.

超长隧洞水压爆破技术介绍

黄智刚[1] 卓 雄[2] 刘 振[1]

(1. 福州水务平潭引水开发有限公司，福建福州 350001；
2. 福州城建设计研究院有限公司，福建福州 350001)

摘 要： 在隧洞施工过程中，为解决隧洞掘进线路较长、施工组织复杂、隧洞断面小、工期紧工程量大以及炸药用量大等难题，结合福建省平潭及闽江口水资源配置工程闽江竹岐—大樟溪标段的施工实践，在洞身爆破阶段研发了一种水压爆破新技术，以提高工效，缩短工期，节约成本，同时降低施工过程对施工人员健康和周围环境的影响。本文详细阐述了水压爆破的技术原理、工艺流程和操作要点，可供类似超长隧洞爆破施工参考。

关键词： 超长隧洞；水压爆破；节能环保；炸药用量；环境保护

1 概述

在隧洞施工过程中，科学有效的施工技术能够进一步提高隧道掘进效率。目前大多数的隧道在开挖时都会应用爆破技术。爆破具有冲击力大、效率高等特点，在隧道的开挖施工过程中起到至关重要的作用。常规爆破方法安全隐患较多，多种化学原料碰撞在一起会产生较大危险，隧道施工中，一旦爆破技术把握不当，将会对隧道开挖产生严重的影响[1]。

随着时代的进步，各种新型技术不断出现，因地制宜选取科学有效的隧道施工技术是十分必要的。隧洞施工方法应根据地质条件的变化而变化，进行动态施工，这样的结构在设计与施工安全方面均能得到保证。光面爆破对岩壁进行爆破后，可以形成一个比较完整的开挖面，有效控制炸药的爆破，不会影响围岩平衡或稳定性，可以减少围岩应力集中，降低裂缝出现的概率，保持围岩完整，使围岩自身的承载能力变强，给施工创造便利，保障现场施工安全[2]。光面爆破相关参数的选择主要与地质条件、隧道断面形状与尺寸、炸药特性与品种、装药结构与起爆方法有关。由于岩性不同，施工时炮孔布置根据实际情况进行适当调整。

水压爆破技术相比常规光面爆破技术，不仅可以节省炸药、提高施工效率，还可以有效降低粉尘浓度，通过对作业环境的改善达到保护施工人员身体健康的目的，并通过控制爆破振动，降低爆破振动对周围结构物的振动影响[3]。根据类似工程施工经验，结合该工程水文地质特点、设计文件和业主有关合同文件的要求，隧洞岩洞开挖均采用全断面光面爆破及控制爆破，应用节能环保的新型水压爆破技术进行洞身爆破，以提高工效。

2　工程概况

福建省平潭及闽江口水资源配置工程主要由三部分组成，分别为莒口拦河闸、闽江竹岐—大樟溪引水工程，大樟溪—福清、平潭输水工程和大樟溪—福州、长乐输水工程。其中，闽江竹岐—大樟溪引水工程是该工程的重要组成部分，其建筑物属于2级建筑物。

2.1　工程特点

该工程中闽江竹岐—大樟溪标段的引水线路总长38201.176m，其中输水隧洞三段，长37164.963m，输水管道三段，长1036.213m，出水口一处，设计流量为26.3m³/s。隧洞开挖洞径为5.5m，采用平底圆形断面，底宽4.0m。

闽江流域属亚热带季风气候，全年气候温和，雨量充沛。大樟溪流域地处中亚热带，东距太平洋西海岸约80km，受海洋季风和山地地形影响，气候湿润、温和，属中亚热带山地气候。

闽江竹岐—大樟溪引水工程输水隧洞区属构造侵蚀中低山—低山地貌，地表多为第四系坡残积层覆盖，山坡局部陡崖石壁和北东向冲沟底及两侧常见弱风化基岩裸露。输水隧洞沿线分布的地层岩石均属工程坚硬岩类，致密坚硬，成洞和隧洞围岩稳定。

2.2　工程重难点

该标段部分隧洞单头掘进长度超过2.6km，施工组织复杂，工程量大，且隧洞断面小、工期紧，大型机械设备的使用受到很大限制。在小断面隧洞施工过程中，隧洞的爆破孔布置、钻孔、爆破、渣土外运、施工用水用电以及通风的布置都非常困难[4]。选择好施工设备，做好隧洞掘进过程中的通风排烟、排水，合理安排隧洞的掘进支护和二次衬砌施工，保证计划工期的实现，是该工程的重难点。

该标段隧洞施工，多处临近村庄、向莆铁路与316国道、福银高速、竹岐隧道、溪源泄洪洞、溪源引水洞、福诏高速及203省道，需采用控制爆破，安全防护是重难点。施工布置应尽量减少对当地环境的影响。

综上所述，由于该项目中隧洞掘进线路较长、施工组织复杂，隧洞断面小，工期紧工程量大，施工过程需应用大量炸药，在提高工效的同时，需兼顾施工人员健康和对周围环境的影响。根据该项目特点，为解决以上难题，同时贯彻水土保持、绿色施工的理念，隧洞施工过程中，对隧洞洞身运用较为成熟的水压爆破新技术，以提高工效，缩短工期，降低工程成本。

3　水压爆破技术

3.1　技术原理

（1）隧洞掘进爆破过程中，由于爆炸引起的爆炸性气体膨胀和应力波的作用，可达到使围岩破碎的目的。爆破孔中的炸药，在爆炸中传播的是爆轰波，爆轰波沿炮眼方向传到炮眼的空间称为击波，击波传到炮眼围岩中称为应力波。水压爆破技术通过在炮孔中填塞水袋，在进行隧洞爆破的过程中可以极大程度上降低击波的能量损失，同时还可以防止爆炸性气体从炮眼喷出。

（2）传统的隧洞掘进爆破使用炮眼无回填堵塞结构（见图1），炮眼中充满了空气，无回填堵塞结构，炸药一旦爆炸，压缩空气会大量损失击波的能量，从而削弱在围岩中传播的应力波的能量，降低应力波的强度，削弱对围岩的破碎作用。同时由于无回填堵塞，爆炸性气体膨胀从炮眼口冲出，既损失了大部分膨胀气体的能量，也削弱了膨胀气体对围岩的破碎作用。传统的炮眼无回填堵塞结构对炸药爆炸产生的能量利用率较低。

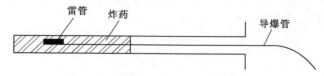

图1 传统炮眼无回填堵塞结构示意图

（3）水压爆破技术将传统炮眼无回填堵塞结构改为用水袋与炮泥回填堵塞的结构（见图2），由于在水中传播的击波对水不可压缩，爆炸能量可以通过水传递到炮眼围岩中而不会损失。同时采用专门制成的炮泥对炮眼进行回填堵塞，抑制爆炸性膨胀气体冲出炮眼，提高了炸药爆炸产生能量的利用率，有利于对围岩进行破碎。

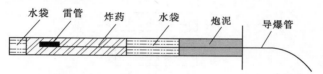

图2 水压爆破技术水袋与炮泥回填堵塞结构示意图

与传统隧洞掘进爆破的炮眼无回填堵塞结构相比，水压爆破技术通过应用水袋和炮泥进行回填堵塞可以使炸药爆炸产生的应力波和爆炸性膨胀气体能量损失最大限度地降低，显著提高炸药爆炸产生能量的利用率，更有利于对围岩进行破碎，节能环保，提高工效。

3.2 工艺流程

与传统隧洞掘进爆破的炮眼无回填堵塞结构相比，水压爆破技术应用水袋与炮泥回填堵塞的结构主要增加了以下两道工艺流程：

（1）水袋制作工艺。水袋制作的关键是先在塑料袋中灌入水，密封制成水袋，然后把水袋填入炮眼底部和中部，水袋制作可由炮孔水袋自动封装机完成，水袋封装机工效为700袋/h。隧洞爆破一般采用水平眼，塑料袋为常用的聚乙烯塑料，为便于装填，水袋相关参数设置见表1。

表1　　　　　　　　　　　　　水　袋　相　关　参　数　　　　　　　　　　　　　单位：mm

参数	长	直径	袋厚
数值	200～300	35～40	0.8

（2）炮泥制作工艺。炮泥制作由 PNJ-1 型炮泥机完成，制作炮泥材料为普通的黏土，为了保证制作质量，炮泥相关参数设置见表2，根据设置参数将材料拌和均匀，待混合均匀以后，装入炮泥机的进料仓进行生产，两名工人每小时可完成200～400个炮泥的

制作，可满足一个爆破循环的使用量。炮泥以表面光滑、用手略微一捏可以变形为宜。

表2   炮 泥 相 关 参 数

参数	含砂率/%	含水率/%	切割长度/mm
数值	10	15	200～300

水压爆破技术水袋与炮泥回填堵塞施工工艺流程如图3所示。

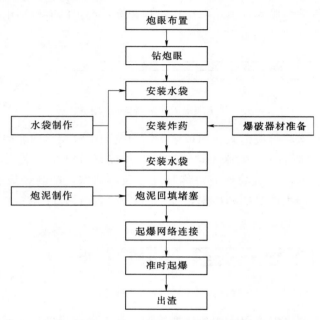

图3　水压爆破技术水袋与炮泥回填堵塞施工工艺流程

3.3 操作要点

3.3.1 水压爆破技术炮眼装药结构

炮孔填塞水袋隧洞爆破炮眼装药结构示意图如图4所示，其中L_1为炮眼底水袋长度，L_2为炸药长度，L_3为炮眼中间水袋长度，L_4为回填炮泥长度，炮眼总长度为以上4项总和。

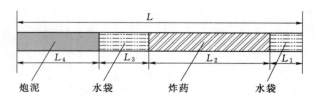

图4　炮孔填塞水袋隧洞爆破炮眼装药结构示意图

炮眼底水袋长度L_1一般为一节水袋的长度，L_2为水压爆破技术所需的炮眼装药量的药卷长度。L_3一般略大于L_1，且和L_4符合适当的比例，如果L_3相对于L_4过小，则水的作用不大，如果L_3相对于L_4过大，则不利于抑制爆炸性气体膨胀。

3.3.2　材料装填操作顺序

在材料装填过程中应严格按照图 4 结构进行操作，依次装填 L_1 水袋、L_2 炸药、L_3 水袋和 L_4 炮泥，其中 L_1 水袋位于炮眼底，L_4 炮泥位于炮眼口。在装填过程中需要注意，各材料间连接应保持紧密，装填水袋时，需使用炮棍轻轻将其推到炮眼一定位置，装填炮泥时，除与水袋接触的炮泥之外，其余部分的炮泥要用炮棍捣固坚实。

3.3.3　水袋制作操作要点

充水的塑料袋由塑料制造商专门加工，通常是 22cm 长的聚乙烯塑料袋。水袋封口是制作过程中的关键步骤，水的体积为水袋体积的 90% 较为适宜，装水时不应过满，水袋口应扎紧。在放置和运输过程中，水袋可能会出现稍微变软的现象，这不会影响装填和使用中的爆破效果。

3.3.4　炮泥制作操作要点

炮泥的主要成分是黏土和细砂，在将其与水混合搅拌之前，必须将混在其中的石头拣出，如果小石过多建议使用过筛方式进行清除。炮泥制作应符合适当的比例，含砂率应尽量控制在 10% 左右，含水率应尽量控制在 15% 左右，这样效果最好。如果含砂率过大，将不利于炮泥成形，如果含砂率过小，将导致炮泥所占比重降低。如果含水率过大，炮泥将会较软；如果含水率过低，将无法起到黏合及降尘作用。

4　结论

（1）水压爆破技术应用水袋与炮泥回填堵塞结构，相比传统炮眼无回填堵塞结构，更为节能环保，符合国家的可持续发展战略方针，具有广阔的应用前景。

（2）水压爆破技术在施工过程中可节省原材料、降低生产成本，在水压爆破技术中每个循环钻孔数量及钻孔深度虽然与传统爆破一样，但由于相比之下多装了炮泥及水袋，可节省一定体积的炸药，降低了生产成本。

（3）水压爆破技术可以有效降低作业空间粉尘浓度，水压爆破技术平均每个循环多进尺 22cm，同时在水袋装填结构的共同作用下，在爆破过程中可以有效降低粉尘和毒气的挥发，大大减少粉尘与毒气对施工人员的伤害，保障施工人员的安全健康，并减少对周围环境的影响。

（4）水压爆破产生的声响和振动比传统爆破要小很多，可有效降低噪声污染，显著降低对施工人员的噪声伤害，同时也降低了对周围居民正常生活的影响。

参　考　文　献

[1]　朱有荣，蒋学. 隧道开挖爆破施工技术分析 [J]. 居舍，2019（11）：57.

[2]　李晓亮. 光面爆破技术在隧道施工中的应用研究 [J]. 居舍，2019（10）：60－61.

[3]　谭嘉洲. 高铁隧道水压爆破施工技术应用 [J]. 绿色环保建材，2020（1）：144－145.

[4]　胡欣，郝超，唐仁兵，等. 毗河水利工程特小断面隧洞爆破施工技术研究 [J]. 四川水力发电，2019，38（4）：16－18.

基于 CEEMDAN-MPE 算法的隧道爆破地震波信号降噪方法及应用

黄智刚[1,2]　吕虎波[3]　林一庚[4]　彭亚雄[5]　吴　立[1]　陈　劲[1]

(1. 中国地质大学（武汉）工程学院，湖北武汉　430074；
2. 福州水务平潭引水开发有限公司，福建福州　350001；
3. 浙江省隧道工程集团有限公司，浙江杭州　310030；
4. 福州城建设计研究院有限公司，福建福州　350001；
5. 湖南科技大学岩土工程稳定控制与健康监测
湖南省重点实验室，湖南湘潭　411201)

摘　要：由于隧道工程的复杂环境、电磁干扰和仪器误差等原因，现场实测爆破地震波信号中存在大量高频噪声。为有效降低实测信号的噪声成分，对原始信号进行自适应噪声的完全集合经验模态分解（CEEMDAN），对分解得到的模态函数（IMF）进行多尺度排列熵（MPE）的随机性检测，去除噪声 IMF 分量达到降噪的目的。对实测隧道爆破地震波信号处理表明，该方法不仅能够较好地去除高频噪声，而且对地震波信号所含主要信息的影响极小。波形分析和降噪效果指标均表明，CEEMDAN-MPE 算法均优于 EEMD-MPE 和 CEEMDAN 算法，验证了该方法的有效性。

关键词：隧道爆破；地震波信号；降噪方法；CEEMDAN-MPE

　　由于工程环境复杂、电磁干扰和监测仪器误差等因素影响，实测爆破地震波信号中包含大量高频噪声，掩盖了地震波真实信息，直接影响隧道爆破有害效应分析与评价。为了准确掌握隧道爆破地震波波形特征、能量特性和衰减规律，必须对实测爆破地震波信号进行降噪处理。小波算法具备较好的时频局域化特征，利用其进行信号降噪处理是一种广泛使用的方法[1]。熊正明等[2]利用平移不变小波对爆破振动信号进行去噪处理，消除信号的伪吉布斯现象，同时减小降噪后信号与原始信号的误差。路亮等[3]提出了基于提升小波包最优基分解算法的爆破振动信号的降噪和能量提取方法，并验证了该方法的有效性。由于小波变换算法降噪过程中小波基函数和分解层次难以确定，使得这类方法的自适应性不强，降噪效果难以保证[4-5]。经验模态分解（EMD）是一种处理非平稳信号的分解方法，对爆破振动信号分解有较好的适应性[6]。费鸿禄等[7]将改进 EMD 和小波阈值算法结合进行降噪处理，较好地去除了爆破振动信号中所含的噪声。

　　自适应噪声的完全集合经验模态分解（CEEMDAN）算法是一种基于 EMD 的改进算法，能够消除人为添加噪声对原始信号完备性的影响，既抑制了模态混叠问题又避免了原始信号失真[8]。本文通过对信号进行 CEEMDAN，利用多尺度排列熵（MPE）检测分解得到的模态函数（IMF）的随机性，去除噪声 IMF 分量以达到信号降噪的目的，构建了一种适合于隧道爆破地震波信号的降噪方法。将该方法应用于福建省平潭及闽江口水资源配置工程，对实测隧道爆破振动信号进行降噪处理，并验证了该方法的有效性。

1 信号降噪算法

1.1 CEEMDAN

经验模态分解（EMD）算法根据信号的时标特性，将多分量信号分解为一系列固有模态函数分量和剩余分量，并按瞬时频率由高到低的顺序排列，具有良好的适应性、完备性和正交性[9]。然而该方法在处理含有不连续、脉冲和噪声的信号时存在模态混合问题。Torres 等[10]对 EMD 算法进行改进，提出了自适应噪声的完全集合经验模态分解（CEEMDAN）算法。该算法在 EMD 各阶段自适应添加白噪声，计算唯一的残差信号以获取固有模态函数（IMF），能够在集成次数较少的情况下，使得重构误差几乎为零，重构信号与原信号几乎完全相同，并在一定程度上解决了 EMD 算法的模态混叠现象[11]。CEEMDAN 的主要步骤如下：

在原始信号 $x(t)$ 中添加不同幅值的白噪声 $n_j(t)$，可表示为 $x(t)+\varepsilon_0 n_j(t)$，其中 ε_0 为噪声系数。利用 EMD 对加噪信号进行 I 次分解，通过集成平均得到第一个 IMF 分量。IMF 分量和残差分量如下所示：

$$\mathrm{IMF}_1(t)=\frac{1}{I}\sum_{i=1}^{I}\mathrm{IMF}_{i1}(t) \tag{1}$$

$$r_1(t)=x(t)-\mathrm{IMF}_1(t) \tag{2}$$

定义 $\mathrm{EMD}_j(\cdot)$ 是 EMD 的第 j 个模态函数。对加噪信号 $r_1(t)+\varepsilon_1\cdot\mathrm{EMD}_1[n_j(t)]$ 进行 I 次分解，得到第二个 IMF 分量：

$$\mathrm{IMF}_2(t)=\frac{1}{I}\sum_{i=1}^{I}\mathrm{EMD}_1\{r_1(t)+\varepsilon_1\,\mathrm{EMD}_1[n_i(t)]\} \tag{3}$$

计算 k 阶残差分量：

$$r_k(t)=r_{k-1}(t)-\mathrm{IMF}_k(t) \tag{4}$$

从 $r_1(t)+\varepsilon_1\cdot\mathrm{EMD}_1[n_j(t)]$ 中提取第一个 IMF，得到 IMF_{k+1}。

$$\mathrm{IMF}_{k+1}(t)=\frac{1}{I}\sum_{i=1}^{I}\mathrm{EMD}_k\{r_k(t)+\varepsilon_k\,\mathrm{EMD}_k[n_k(t)]\} \tag{5}$$

重复上述计算直到残差分量不能继续分解，得到所有的 IMF 分量，最终的残差分量如下式所示：

$$r(t)=x(t)-\sum_{k=1}^{K}\mathrm{IMF}_k(t) \tag{6}$$

则原始信号 $x(t)$ 可以表示为

$$x(t)=r(t)+\sum_{k=1}^{K}\mathrm{IMF}_k(t) \tag{7}$$

CEEMDAN 算法利用了噪声辅助分析技术，能够完整地重构原始信号。针对不同类型信号，利用噪声系数 ε 加入不同信噪比的白噪音，能够有效地提高分解效果。

1.2　多尺度排列熵

　　多尺度排列熵（MPE）是一种检测信号随机性和动力突变的方法，将时间序列进行多尺度粗粒化，进而计算其排列熵[12]。具体步骤如下：

　　（1）对时间序列 $X=\{x_1,x_2,\cdots,x_L\}$ 进行多尺度粗粒化处理：

$$y_j^s = \frac{1}{s} \sum_{i=(j-1)s+1}^{js} x_i \quad 1 \leqslant j \leqslant L \tag{8}$$

式中：s 为尺度因子；y_j^s 为多尺度时间序列。

　　当尺度因子 s 为 1 时，其时间序列 y_j^1 为原始时间序列，计算结果为排列熵值。

　　（2）对时间序列 y_j^s 进行重构，可得

$$Y_t^s = \{y_t^s, y_{t+\tau}^s, \cdots, y_{t+(m-1)\tau}^s\} \tag{9}$$

式中：τ 为时间延迟；m 为嵌入维数。

　　（3）对时间重构序列 Y_t^s 按升序排列，序列共有 $m!$ 种排列，每种排列类型出现的次数为 N_l，对应出现的概率为 P_l：

$$y_{t+(j_1-1)\tau}^s \leqslant y_{t+(j_2-1)\tau}^s \leqslant \cdots \leqslant y_{t+(j_m-1)\tau}^s \tag{10}$$

$$P_l^s = \frac{N_l}{n/s-m+1} \tag{11}$$

　　（4）计算尺度因子为 s 时信号 Y_t^s 的排列熵：

$$H_P^s = -\sum_{l=1}^{m!} P_l^s \ln P_l^s \tag{12}$$

　　（5）对上述计算的排列熵进行归一化处理：

$$h_P^s = H_P^s / \ln(m!) \tag{13}$$

　　CEEMDAN-MPE 算法是对原始信号进行 CEEMDAN 得到 IMF 分量，对各 IMF 分量进行多尺度排列熵的随机性检测，计算得到各分量信号的 MPE 平均值。当 MPE 平均值大于设定的熵值时，则被认为是异常或噪声成分，将这些成分从原始信号中剔除，达到降噪的目的。采用该算法对信号进行降噪处理，避免了不必要的集成平均，减小了计算量和添加白噪声的重构误差，保证了分解算法的完备性；有效地去除了原始信号中的噪声成分，能够获得较好的降噪效果。

1.3　降噪效果评价指标

　　为研讨爆破地震波信号的降噪效果，采用信噪比 ξ、降噪后信号和原始信号的均方根误差 ε 作为评价指标[13]，如下所示：

　　（1）信噪比 ξ：

$$\xi = 10\lg\left[\frac{\sum\limits_{m=1}^{M}(x_m)^2}{\sum\limits_{m=1}^{M}(x_m-\widetilde{x}_m)^2}\right] \tag{14}$$

　　（2）均方根误差 ε：

$$\varepsilon = \sqrt{\frac{1}{M} \sum_{m=1}^{M} (x_m - \widetilde{x}_m)^2} \tag{15}$$

式中：M 为采样点个数；x_m 为原始信号第 m 个采样点数据；$\widetilde{x}_m$ 为降噪后信号第 m 个采样点数据。

ξ 反映了原始信号和噪声的能量关系，ξ 越大表明降噪后信号更好地保留了原始信号含有的信息与特征。ε 反映了噪声的平均能量值，体现了降噪后信号与原始信号的相似程度，通常 ε 越小降噪效果越好。此外，除了采用定量参数客观评价降噪效果外，还应该分析降噪前后信号的波形特征，确保特征波形的一致性和明显噪点已经被去除干净。

2 工程应用

2.1 工程简介

福建省平潭及闽江口水资源配置工程是一项跨区域的重大水利工程，属于国务院推进建设的 172 项节水供水重大水利工程之一。工程第 4 标段（大樟溪—石溪输水线路）由主洞和多条支洞组成，隧洞累计长度高达 42078m。隧洞区沿线分布的地层岩性主要有流纹岩、凝灰岩、凝灰质砂砾岩、凝灰质砂岩等，埋深一般在 70～180m，最大埋深 520m。

输水隧洞采用光面爆破开挖，现场爆破监测采用 TC–4850 型测振仪。选取主洞爆破开挖的一条实测典型地震波信号为研究对象（见图 1），信号

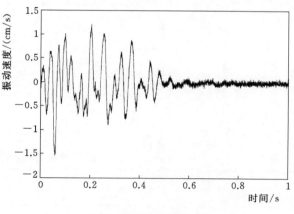

图 1　爆破地震波信号

采样频率为 4000sps，根据 Nyquist 采样定理，实测信号的 Nyquist 频率为 2000Hz，采用时间为 1s，共采集 4000 个采样点。

2.2 降噪处理与分析

对现场监测的地震波信号进行 CEEMDAN，分解过程中加入了 200 组信号标准差为 0.2 的高斯白噪声，分解得到的各 IMF 分量如图 2 所示。

由图 2 可知，原始信号经过 CEEMDAN 后共得到 12 个 IMF 分量，$IMF_1 \sim IMF_{12}$ 的中心频率逐渐降低，高频噪声对 IMF 分量的影响逐渐减弱，IMF 分量所含真实信号成分不断增加。根据 IMF 分量的波形和中心频率变化，可以推断 $IMF_1 \sim IMF_5$ 可能为高频噪声分量，$IMF_6 \sim IMF_{12}$ 则为地震波真实信息。

为了准确确定真实信号成分和噪声，利用多尺度排列熵方法计算各 IMF 分量的 MPE 值。计算过程中，需要选取合适的嵌入维数 m、时间延迟 τ 和尺度因子 s，经过多次试算，取 $m=6$，$\tau=1$，$s=5$。计算得到各 IMF 分量的 MPE 平均值，见表 1。

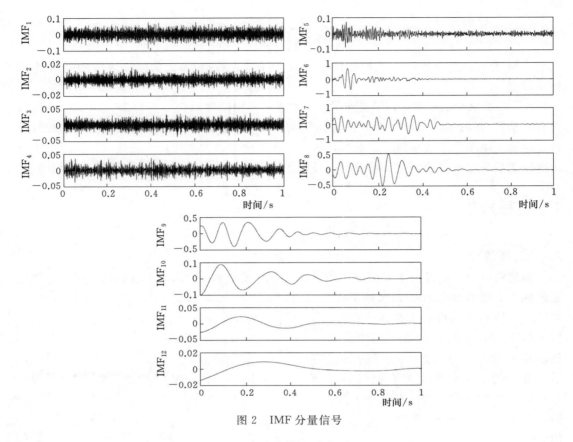

图 2　IMF 分量信号

表1					IMF 分量的 MPE 平均值						
分量	IMF$_1$	IMF$_2$	IMF$_3$	IMF$_4$	IMF$_5$	IMF$_6$	IMF$_7$	IMF$_8$	IMF$_9$	IMF$_{10}$	IMF$_{11}$	IMF$_{12}$
MPE	0.9134	0.9056	0.8806	0.8446	0.7316	0.5376	0.3392	0.2451	0.1859	0.1472	0.1211	0.1121

　　由表 1 可知，IMF$_1$～IMF$_{12}$ 的 MPE 平均值是逐渐减小的，说明噪声成分逐渐减少，说明噪声对不同 IMF 分量影响不同，与上述波形分析结果一致。对于爆破地震波信号，通常有效信号成分的 MPE 阈值为 0.6[14]，IMF$_1$～IMF$_5$ 的 MPE 平均值大于阈值，为噪声信号成分，需要将其从原始信号中除去。因此，得到降噪后爆破地震波信号，如图 3 所示。采用 AOK 时频技术[15]分别对原始信号和降噪后信号进行处理，得到二者的时频谱，如图 3 和图 4 所示，图中 X 为峰值能量，Y 为主频。

　　对比图 3 和图 4，与实测爆破地震波原始信号相比，降噪后信号的噪声成分明显减少，更好地反映了地震波波形特征。由频谱图可知，通过降噪处理去除了信号的高频成分，对信号的主频没有影响，峰值能量也仅降低了 0.5。说明 CEEMDAN–MPE 算法不仅能成功地去除高频噪声能量，而且对地震波信号所含主要信息的影响极小。

2.3　降噪效果对比

　　为验证 CEEMDAN–MPE 算法的有效性，采用 EEMD–MPE 算法、CEEMDAN 阈值算法对上述实测地震波信号进行降噪处理。原始信号与降噪后信号对比如图 5 所示。计算信噪比 ξ、降噪后信号和原始信号的均方根误差 ε，见表 2。

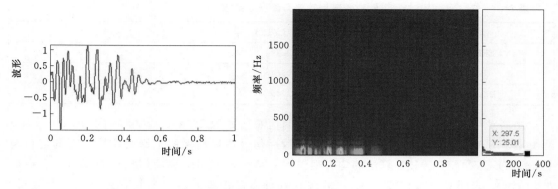

图 3　降噪后信号与时频谱图

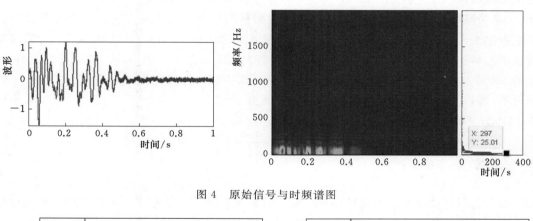

图 4　原始信号与时频谱图

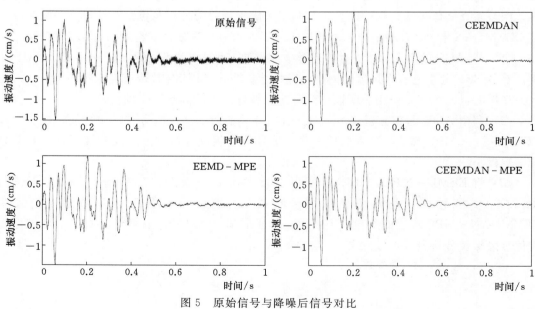

图 5　原始信号与降噪后信号对比

表 2　　　　　　　　　　　　　　　爆破振动信号降噪效果指标

降噪算法	信噪比 ξ/dB	均方根误差 ε/10^{-2}
EEMD – MPE	19.89	3.35
CEEMDAN	20.64	3.27
CEEMDAN – MPE	23.49	2.85

由表 2 可知，CEEMDAN – MPE 算法的信噪比 ξ 为 23.49dB，均大于 EEMD – MPE 和 CEEMDAN 算法，表明该算法得到的降噪后信号更好地保留了原始信号含有的信息与特征；CEEMDAN – MPE 算法的均方根误差 ε 最小，说明降噪后信号与原始信号有更高的相似度。表明 CEEMDAN – MPE 算法在处理爆破地震波信号中具有更好的降噪效果。由图 5 可以看出，CEEMDAN – MPE 算法将爆破地震波所含噪声成分基本去除干净，能够很好地展现其波形特征；而 EEMD – MPE 算法降噪后的信号仍有明显的噪声，CEEMDAN 算法降噪后的信号则在峰值点处有较为明显的噪声。其主要原因是，EEMD 算法分解过程中加入了白噪声，减少了模态混叠现象，但由于加入的白噪声无法消除，导致降噪效果不理想；CEEMDAN 方法成对加入白噪声，消除了白噪声的影响。通过计算 IMF 分量的 MPE 平均值，能够更好地判断各分量所含噪声成分，去除高频噪声成分，提高了降噪效果。因此，由波形分析和降噪效果指标可知，CEEMDAN – MPE 算法的降噪效果优于 EEMD – MPE 和 CEEMDAN 算法。

3　结论

由于工程环境和监测设备的影响，隧道爆破实测地震波信号中不可避免地存在大量噪声，掩盖了真实信号所包含的信息，不利于爆破振动效应分析与控制。针对这一问题提出了 CEEMDAN 和 MPE 相结合的算法用于地震波信号降噪处理。主要研究结论如下：

（1）利用 CEEMDAN 算法对隧道爆破地震波信号进行分解，得到不同频带的 IMF 分量，对各 IMF 分量进行多尺度排列熵的随机性检测，利用 MPE 熵值去除噪声 IMF 分量，达到降噪的目的。工程应用表明该方法可达到较好地去除高频噪声的目的。

（2）利用 AOK 时频分析技术，对比分析降噪前后地震波信号的时频特征，说明通过 CEEMDAN – MPE 算法的降噪处理去除了信号的高频成分，对地震波信号所含主要信息的影响极小。

（3）将 EEMD – MPE、CEEMDAN 和 CEEMDAN – MPE 三种算法的降噪效果进行对比分析，三种方法均具有一定的降噪效果。波形分析和降噪效果指标均表明 CEEMDAN – MPE 算法的降噪效果最优，验证了基于该方法的有效性，对隧道爆破地震波信号降噪及分析具有指导意义。

参　考　文　献

［1］高勇军，陈小波，王伟策. 小波分析在爆破地震信号降噪中的应用［J］. 爆破，1999，16（3）：

3 - 7.

［2］ 熊正明，中国生，徐国元. 基于平移不变小波爆破振动信号去噪的应用研究［J］. 金属矿山，2006（2）：12 - 14.

［3］ 路亮，龙源，谢全民，等. 提升小波包最优基分解算法在爆破振动信号分析中的应用研究［J］. 振动与冲击，2014，33（5）：165 - 169，186.

［4］ 赵明生，苟倩倩，张光雄，等. 基于 CEEMDAN 的塌落触地振动信号最优降噪光滑模型算法［J］. 爆破，2020，37（2）：127 - 135.

［5］ 张杏莉，卢新明，贾瑞生，等. 基于变分模态分解及能量熵的微震信号降噪方法［J］. 煤炭学报，2018，43（2）：356 - 363.

［6］ 孙苗，吴立，周玉纯，等. 水下钻孔爆破地震波信号的最优降噪光滑模型［J］. 华南理工大学学报（自然科学版），2019，47（8）：31 - 37.

［7］ 费鸿禄，刘梦，曲广建，等. 基于集合经验模态分解-小波阈值方法的爆破振动信号降噪方法［J］. 爆炸与冲击，2018，38（1）：112 - 118.

［8］ 孙苗，吴立，袁青，等. 基于 CEEMDAN 的爆破地震波信号时频分析［J］. 华南理工大学学报（自然科学版），2020，48（3）：76 - 82.

［9］ HUANG NE，SHEN Z，LONG SR，et al. The empiricalmode decomposition and the Hilbert spectrum for nonlinear and non - stationary time series analysis［J］. Proceedings of the Royal Society，1998，454：903 - 995.

［10］ TORRES ME，COLOMINAS，MARCELOA，et al. A complete ensemble empirical mode decomposition with adaptive noise［C］. Acoustics，Speech and Signal Processing，2011IEEE International Conference on IEEE，2011：4144 - 4147.

［11］ 闫琦，杨冬梅，张凤云，等. 基于 CEEMDAN - SSA 的 MEMS 加速度计振动噪声抑制方法［J］. 火力与指挥控制，2019，44（8）：168 - 171，176.

［12］ 张建财，高军伟. 基于变分模态分解和多尺度排列熵的滚动轴承故障诊断［J］. 噪声与振动控制，2019，39（6）：181 - 186.

［13］ 孙远，杨峰，郑晶，等. 基于变分模态分解和小波能量熵的微震信号降噪［J］. 矿业科学学报，2019，4（6）：469 - 479.

［14］ 苟倩倩，赵明生，张光熊，等. 基于 MEEMD 分解的楔形掏槽爆破振动信号分析［J］. 矿业研究与开发，2019，39（10）：11 - 15.

［15］ 彭亚雄. 水下钻孔爆破地震波与水击波协同作用下桥墩动力响应特征研究［D］. 武汉：中国地质大学（武汉），2018.

输水隧洞施工技术

长距离小断面输水隧洞施工下穿高速公路控制技术

黄智刚[1]　汪宏兵[2]　郑守铭[3]　赵　健[1]　卫　魏[2]　李国徽[4]

(1. 福州水务平潭引水开发有限公司，福建福州　350000；

2. 浙江省隧道工程集团有限公司，浙江杭州　310005；

3. 福州城建设计研究院有限公司，福建福州　350000；

4. 中国地质大学（武汉），湖北武汉　430074)

摘　要： 本文结合大樟溪—东张水库输水隧洞工程，全面对长距离小断面输水隧洞施工下穿高速公路控制技术进行探究分析，隧道下穿位置以新奥法为指导思想进行隧洞施工。隧洞开挖采取光面爆破或预裂爆破，最大限度地减少爆破对围岩的破坏和道路路面的振动，初期支护采取小导管超前预加固、钢支撑、锚喷网支护。同时采取围岩量测技术掌握围岩的动态，根据围岩的位移情况，调整施工参数，保证下穿隧洞施工的安全与质量。

关键词： 隧道；下穿隧洞；施工技术；爆破

0　引言

大量下穿的隧道（洞）工程实践表明，隧洞施工必然会引起上部地层沉降和变形[1-3]，新建隧洞从既有高速公路下方穿越时，如果隧洞与既有高速公路之间的净距过小，则会导致隧洞衬砌发生较大的位移，从而对隧洞自身安全有严重的影响[4-5]；另外，下穿隧道施工还会引起地表沉降，特别是当隧洞上方地表有公路时，地表沉降过大会影响公路的安全与运营。为了减少下穿隧洞对高速公路的影响，保证隧洞自身施工的安全，对隧洞下穿施工技术良好的控制显得尤为关键。

1　工程概况

大樟溪—东张水库输水隧洞是福建省平潭及闽江口水资源配置工程的重要组成部分，属于暗挖输水隧洞。大樟溪—东张水库输水隧洞下穿 G534 替代绕行线（以下简称"G534国道"）位置位于东张支洞（桩号 DD21＋732.713）下游 658.812m 处，输水隧洞与 G534 国道下穿交叉投影点（下穿交叉点）隧洞桩号为 DD22＋391.525，公路桩号为 K05＋625，下穿交叉点坐标为（$X＝2845930.514m$，$Y＝40425276.228m$），隧洞顶板与公路路面的高差为 21.935m。

输水隧洞下穿 G534 国道位置隧洞围岩情况见表 1。

表 1　　　　　　　输水隧洞下穿 G534 国道位置隧洞围岩情况表

序号	位　置	长度/m	围岩类别	隧洞开挖断面 （底宽×高）	断面类型
1	起始 DD22+369.635 终止 DD22+413.415	43.78	V 类	4.52m×5.45m	平底圆形

2　隧洞施工

根据现有施工条件，下穿位置隧洞开挖拟采取钻爆法进行施工。其施工程序为：小导管超前支护→隧洞开挖→初期支护→重复上面循环至开挖结束→现浇混凝土衬砌。

由于下穿地段为 V 类围岩，围岩的稳定性较差，为了提高围岩的稳定性，因此在隧洞开挖前首先进行小导管超前支护。通过小导管超前预加固，对未开挖岩体进行预加固，从而提高围岩的自稳能力，防止塌方的产生。小导管超前支护完成后即可进行隧洞开挖，隧洞开挖包括布孔、钻孔、钻孔质量检查、装药起爆、通风、洒水、清理浮石、出碴运输。隧洞开挖结束后，进行初期支护，初期支护包括初喷混凝土、架设钢拱架、小导管超前支护、锁脚锚杆、挂网、复喷混凝土。初期支护结束后，进行下一循环开挖。待隧洞开挖全部结束后，进行隧洞现浇混凝土衬砌。至此隧洞施工结束。

下穿位置隧洞施工工艺框图如图 1 所示。

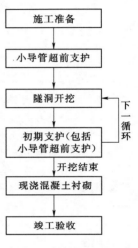

图 1　下穿位置隧洞
施工工艺框图

2.1　复杂地层施工

复杂地层施工是指在破碎、松散、下穿构（建）筑等不良复杂地层、地段中施工。这些位置通常处于断面破碎带、隧洞浅埋等地段。复杂地层的围岩具有以下特点：

（1）围岩的自稳时间很短。在这些地段的围岩，自稳时间只有数十分钟，往往开挖后来不及进行临时支护就发生了片帮与冒顶。

（2）地压较大。在这些地段采取常规锚喷支护手段，仍不能保持围岩的稳定。对于围岩自稳时间很短的地段，在隧洞开挖前，应首先对围岩进行预加固，提高围岩的自稳能力，之后再进行开挖与支护。对于地压较大地段，则应提高临时支护的承载能力。在复杂地层中施工，拟采取如下一些措施，在实际施工中，再根据实际情况进行选择。

2.2　预加固施工方法

（1）超前锚杆预加固。施工中一旦发现可能出现破碎带的迹象，马上沿隧洞轮廓线钻孔，孔深至少应大于循环进尺 1m（一般为 3～5m），然后注入砂浆，再插入锚杆，锚杆的外插角宜为 10°～15°，安设的锚杆使一定区域成为一个整体，以锚杆长度作为控制长度形成模拟挡土墙，通过这个挡土墙来抵抗背后土压，以达到超前支护的效果。由于这些锚杆对未开挖部位的岩石起到了预加固的作用，从而提高了开挖后围岩的自稳时间。

（2）超前小导管注浆预加固。超前小导管注浆预加固应用在围岩裂隙较多或岩石特别松散、孔隙率较大的地层。这些地层因岩石破碎而自稳能力降低，通过所灌注的浆液将破碎岩石胶结成一体，从而提高围岩的完整性和稳定性。

（3）管棚预加固。管棚预加固就是在隧洞轮廓线的外侧钻凿一排 $\phi 100 \sim \phi 146$ 的钻孔，然后将 $\phi 89$ 的钢管插入孔内并注入水泥＋水玻璃浆液，由于管棚的支撑作用，可防止隧洞顶板的冒落，管棚预加固施工方法与洞口管棚预加固基本相同。

超前锚杆预加固和小导管预加固常应用在相对较差的地层，在围岩稳定性极差的地层，则采取管棚法，同时管棚可承受较大的地压。三者也可同时使用。

3 下穿位置隧洞开挖爆破设计

下穿位置隧洞围岩类别为Ⅴ类，隧洞开挖洞径为 5.2m（直径），断面为平底圆形，开挖断面面积 $S = 26.25 \text{m}^2$。

3.1 炮孔布置原则

隧洞掘进爆破时，由于只有一个自由面，四周岩石夹制力很大，爆破条件困难，因此，掏槽孔的布置极为重要。掏槽孔的作用就是在工作面上首先造成一个槽腔作为第二个自由面，为其他炮孔爆破创造有利条件。辅助孔的作用是扩大和延伸掏槽的范围。光爆孔的作用是控制隧洞断面规格形状。为了提高其他炮孔的爆破效果，掏槽孔应比其他炮孔加深 0.15～0.25m。掏槽孔：该工程设计采用平行空眼直线掏槽，掏槽孔由 5 个炮孔组成，各掏槽孔互相平行且呈对称形式排列，炮孔间距 0.2m，中间一个为空眼。辅助孔和光爆孔：布孔均匀，既要充分利用炸药能量，又要保证岩石按设计轮廓线崩落。其间距根据岩石性质而定，该工程辅助孔间距 0.53～0.7m，光爆孔距隧洞轮廓线取 0.1～0.15m。底孔：底孔布置较为困难，有积水时易产生盲炮。因此，底孔孔口应比隧洞底板高出 0.1～0.2m，但其孔底应低于底板 0.1～0.2m，孔间距为 0.55～0.61m。底孔装药量介于掏槽孔和辅助孔之间，装药深度为孔深的 0.7～0.8 倍。

3.2 光面爆破参数

为了最大限度地减少爆破对围岩的破坏，全隧洞实行光面爆破。对于极破碎岩石地段则应采取预裂爆破。爆破参数按《水工建筑物地下开挖工程施工规范》（SL 378—2007）中的光面爆破与预裂爆破参数表选取，见表 2。

表 2 　　　　　　　　　　光 面 爆 破 参 数

岩石类别	周边孔间距/mm	周边孔抵抗线/mm	线装药密度/(g/m)
硬岩	550～650	600～800	300～350
中硬岩	450～600	600～750	200～300
软岩	350～450	450～550	70～120

注：炮孔直径为 40～50mm，药卷径为 20～25mm。

3.3　全断面法开挖爆破参数

下穿位置隧道采取全断面法开挖爆破施工时，进尺取 1.2m，炮孔深度 $L=1.3$m，炮孔直径 $d=38\sim42$mm。根据现场爆破试验，合理经济地选取循环进尺。

用图解法确定炮孔数量为 63 个，采用毫秒微差非电雷管全断面一次起爆方法起爆。炮孔起爆顺序为：掏槽孔→辅助孔→底孔→光爆孔，应选用多段毫秒雷管，相邻炮孔的起爆时差应不大于 100ms。每 10～20 发导爆管雷管连接到二级簇联导爆管雷管上，所有的二级簇联导爆管雷管必须是相同段位的。将所有的二级簇联导爆管雷管并联在一起，由非电起爆器引爆进而引爆整个网路。起爆网路示意图如图 2 所示。

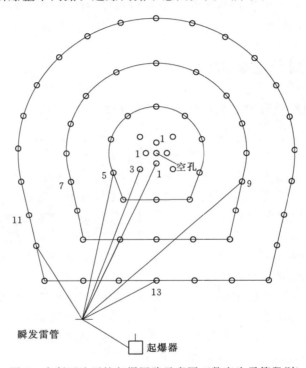

图 2　全断面法开挖起爆网路示意图（数字为雷管段别）

4　爆破安全分析验算

爆破工程有害效应主要有爆破振动、空气冲击波、个别飞散物及爆破噪声，输水隧洞下穿 G534 国道，系地下暗挖爆破工程，爆破对 G534 国道运营安全可能的影响是爆破振动。该工程属浅孔爆破，浅孔爆破频率范围为 40～100Hz。G534 国道属于水泥混凝土路面，依据《爆破安全规程》（GB 6722—2014），套用新浇大体积混凝土（C20）标准，确定 G534 国道爆破振动安全允许振动速度为 10.0～12cm/s，取中间值 11cm/s。

《爆破安全规程》（GB 6722—2014）规定的爆破振动安全允许距离计算公式如下：

$$R=(K/V)^{1/\alpha}Q^{1/3} \tag{1}$$

式中：R 为爆破振动安全允许距离，m；Q 为炸药量，齐发爆破为总药量，延时爆破为最大单段药量，kg，该段最大单段药量设计为 9.0kg；V 为保护对象所在地安全允许质点振速，cm/s，$V=11$cm/s；K、α 分别为与爆破点至保护对象间的地形、地质条件有关的系数和衰减指数，可按《爆破安全规程》（GB 6722—2014）规定的安全允许标准选取，见表 3。

表 3　　　　　　　　　　　　　　　　爆区不同岩性的 K、α 值

岩　性	K	α
坚硬岩石	50～150	1.3～1.5
中硬岩石	150～250	1.5～1.8
软岩石	250～350	1.8～2.0

岩性取软岩石，则 $K=300$，$\alpha=1.9$。将上述各参数代入式（1）得 $R=11.9$m，说明爆破振动对于距离输水隧洞顶 21.9m 处的 G534 国道路面是安全的。

5　结语

长距离小断面输水隧洞下穿高速公路施工过程中，下穿隧洞以"短进尺、弱爆破、快封闭、勤观测"为原则进行隧洞施工。同时加强运行车辆管理，采取"下穿左幅时，左幅封闭，右侧通行；下穿右幅时，右幅封闭，左侧通行"的通行方式，严格控制车辆的载重量和运行速度，保证了下穿隧洞施工的质量和上部既有高速公路的安全运营。

参 考 文 献

［1］李强. 高速铁路隧道超浅埋下穿高速公路盖挖法修建技术研究 ［J］. 现代隧道技术，2020，57（3）：161－166.

［2］宋南涛. 复合地层隧道下穿既有地铁车站设计施工技术措施 ［J］. 现代城市轨道交通，2018（6）：29－32.

［3］石鹏飞. 地铁隧道近距离下穿铁路路基安全评估 ［J］. 北方交通，2020（6）：79－81，86.

［4］吴静，吴立，左清军. 大断面隧道穿越既有地铁的顶板安全厚度研究 ［J］. 公路工程，2015，40（2）：48－50，63.

［5］林存友，吴立，李鹏. 穿越楼房下方的隧道安全施工技术 ［J］. 安全与环境工程，2002（2）：27－30.

BIM 技术在隧道施工管理中的应用研究

房传新

（中铁十七局集团第六工程有限公司，福建福州　350014）

摘　要： 本文从 BIM 技术在水利工程隧道施工的应用模式入手，阐述水利工程隧道 BIM 建模方式与交付标准，简要介绍水利工程隧道 BIM 施工管理方法及系统平台情况，旨在全面阐述应用 BIM 于水利工程隧道施工中的重要作用，从而实现水利工程隧道的数字化、信息化、可视化、动态化施工管理。

关键词： BIM 技术；水利工程；隧道施工

0　引言

隧道是水利工程施工的重难点之一，随着我国基础设施建设的不断完善，各项水利工程建设得以开展，水利工程隧道施工安全性与质量成为亟待完善的问题。BIM 是指建筑信息化管理，原本作为建筑管理模式，近年来在水利工程建设中较为常见，将 BIM 技术引入到水利工程隧道施工之中，采用三维数字信息技术开展水利工程隧道施工管理，通过 4D 管理模式实现隧道施工各个环节间的协调运行，从而达到高质量、高效率施工的最终目的。

1　BIM 技术在水利工程隧道施工的应用模式

BIM 应用模式从隧道工程设计阶段即可进行运用，设计单位在工程设计中，将设计方案进行 BIM 建模，该模型能够将二维化的平面方案进行三维动态处理，从而更为直观地了解设计方案中的优势和不足，同时 BIM 技术能够自动识别三维模型，可对模型进行智能化错误检测，保障设计方案的有效性，从而提升水利工程隧道设计方案效果，如图 1 所示。

1.1　隧道主体 BIM 参数模型搭建及工程量分析

根据隧道三维坐标数据，利用软件生成隧道三维路径，结合参数并根据隧道路径进行精确化模型搭建，模拟隧道建造。通过隧道主体 BIM 参数模型，对隧道所需物料等进行分里程段工程量统计，提供模型数据参考量，指导现场施工下料，协助工程部门进行工程量核算等。

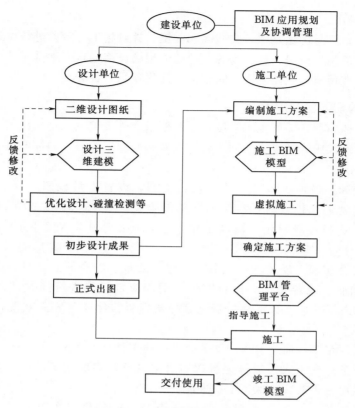

图 1　BIM 应用模式流程

1.2　BIM 设计图审报告

根据设计图纸提供的坐标高程搭建 BIM 参数模型，模拟隧道施工过程，以三维 BIM 信息模型代替二维图纸，解决传统的二维审图中难想象、易遗漏、效率低等难题，在施工前快速、准确、全面地检查出设计图纸中的错、漏、碰、缺等问题，减少施工中的返工，节约成本、缩短工期，确保质量。

1.3　超、欠挖模型搭建

根据全断面扫描仪实地测量提供隧道开挖的数据，利用 BIM 技术，搭建隧道实际开挖轮廓的 BIM 参数模型。再根据设计图纸搭建隧道设计开挖轮廓的 BIM 模型。通过建立信息化的 BIM 参数隧道模型，比对实际开挖和设计开挖的 BIM 模型，分析超、欠挖的位置和数据，进行超、欠挖工程量统计。

1.4　监控量测及地质超前预报模型搭建

在隧道开挖过程中，现场监测人员对隧道沉降、收敛等进行定期监测，收集整理监测数据。把隧道监控量测数据导入 BIM 信息平台，利用 BIM 技术，进行参数化模型搭建，记录隧道断面沉降、收敛数据，直观地展示隧道沉降、收敛情况，对相应桩号段进行施工预警，大大提高了隧道施工的安全管理水平。

1.5　施工场地优化

施工场地的布置与优化是施工的基础和前提，针对施工各阶段进行场地整体的模拟布置，对施工场内道路、板房、加工场等多种施工现场设施进行合理排布，分阶段对场内布置进行提前策划和预演，立体展现空间结构，优化现场布置方案。

1.6　BIM 5D 管理平台的应用

集成隧道主体模型，关联施工进度计划、图纸文件等信息，搭建隧道 BIM 5D 协同管理平台；邀请管理实施人员进入协同平台，设置相应职责权限，协同开展 BIM 5D 实施管理应用。

（1）资料协同。邀请各部门人员加入云空间，设置人员权限；分部门进行资料上传，各部门人员协同维护资料，参与人员在移动端、PC 端和网页端可随时调用查看和打印资料，减少资料查找时间，提高工作效率，避免存在资料丢失的情况，保障资料的完整。

（2）质量安全管理。现场施工人员发现施工质量、安全等问题时，通过手机对质量安全内容进行拍照、录音和文字记录，传送至相应责任人进行问题及时整改，同时通过云端和 PC 端进行数据统计汇总分析，领导层查看整体质量安全状况，为决策提供可靠数据。

（3）生产进度跟踪。通过 BIM 5D 平台进行施工流水里程任务划分，合理安排每周、每月生产施工任务；施工人员通过手机端实时记录反馈现场施工情况，及时解决施工问题，提升施工进度管理效率，保证工程进度。

（4）施工动态模拟。进度计划关联 BIM 模型，提前预演建造过程，预测建造过程中每个关键节点的施工现场布置、大型机械及措施布置方案，根据进度计划提前预测每周、每月物资材料及劳动力情况，提前发现问题并进行优化。BIM 5D 的施工模拟应用于整个建造阶段，真正做到前期指导施工、过程把控施工、结果校核施工，实现精细化管理。

（5）施工工艺库浏览。技术人员根据施工方案、规范、设计图纸要求制定各分部分项工程施工工艺，并录入 BIM 5D 平台施工工艺库；施工管理人员可以通过手机端随时查看各施工工艺，提高现场施工的质量和安全性，同时也提高现场管理人员的管理效率，避免重复施工交底。

（6）物资提取。通过 BIM 5D 平台，导入隧道模型，关联进度计划，人员根据里程段、施工进度和构件类型等，按月提取材料工程量清单，导出材料报表用作物资材料计划参考，提前进行物资报批、采购和下料，降低物料供应不足的风险，保证施工顺利进行，如图 2 所示。

1.7　三维地质构造模拟

结合地质勘探资料，仿真模拟地质构造形态、地质围岩情况，直观地了解围岩情况，并根据隧道实地超前地质预报数据信息，搭建 BIM 参数模型，通过建立信息化的 BIM 参数平台模型，从而能够直观、准确、快捷地查看模型信息，对隧道所通过的围岩情况有一个直观的了解，并通过实地勘测模型与原设计勘探模型的数据对比分析、记录，提前预警，提高现场施工安全性。三维地质构造模拟如图 3 所示。

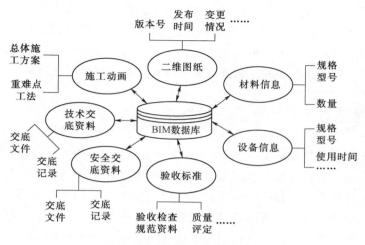

图 2　BIM 5D 信息化管理平台

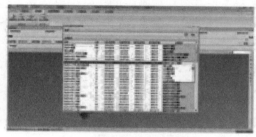

（a）施工进度计划与模型
构件关联管理界面

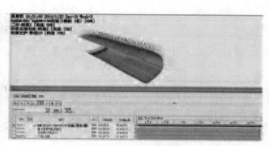

（b）隧道施工进度模拟

（c）隧道 4D-BIM 进度执行情况总览

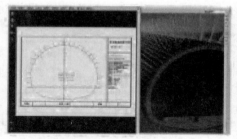

（d）隧道二衬施工与设计对比分析

图 3　三维地质构造模拟

2　水利工程隧道 BIM 建模方式

一般而言，常见的水利工程隧道建模均需进行 2 次建模，分别是施工所在区域地质地形建模和设计方案建模，二者具有密切联系，其中地质地形建模主要用于了解该区域内各个地段的地形特点，可明确该区域内存在哪些高危地段。地质地形建模中将各种不同地质情况采用不同颜色及花纹进行标识，能够直观了解每一区域土质组成情况，对后续施工安全性起到了重要作用。设计方案建模是在设计方案形成后，将其导入到平台软件之中，通过软件制作相应的三维模型，并将隧道各个施工环节中的材料、技术、混凝土等级、钢筋型号等数据均直观地展现出来，形成全面化、立体化的隧道模型，对设计环节及施工环节均具有关键影响，能够提升水利工程隧道施工管理水平，保障工程质量。

3　水利工程隧道 BIM 施工交付标准

一般而言，水利工程隧道 BIM 模型与施工图信息保持一致，并能满足后续水利工程隧道施工管理需求，由设计单位与施工单位事先对隧道 BIM 的建模精度与构件信息精度、构件命名与编码规则等建立标准，另外还需对交付要求进行约定，隧道 BIM 建模深度应与施工图蓝图相一致，水利工程隧道模型精度可以支持施工工序管理。构件命名与构件名称、围岩级别、衬砌类型等信息直接相关。隧道内部结构命名时应避免围岩级别、衬砌类型的影响，水利工程隧道平台构件命名时不能考虑围岩级别、衬砌类型因素，命名规则为：构件名称＋围岩分级＋衬砌类型。同时，水利工程隧道构建唯一的构件编码体系，包括单位工程名称、构件名称、围岩级别、衬砌类型、里程等信息，编码规则为：单位工程名称首字母＋构件名称首字母＋围岩分级＋衬砌类型＋里程。

4　水利工程隧道 BIM 施工管理方法

4.1　水利工程隧道 4D 施工管理

在水利工程隧道 BIM 施工管理平台中导入工程进度计划，并制作隧道三维可视化模型，将模型与工程进度计划之间相互关联，从而构建完善的 4D 施工模型，该模型既能够满足对施工情况可视化的需求，同时也能够直观地了解施工的各项进度情况，了解水利工程隧道的实际情况，从而实现动态施工管理。

4.2　水利工程隧道可视化交底

交底工作是保障水利工程隧道施工得以安全、高效开展的重要因素，采用水利工程隧道 BIM 施工管理平台能够直接进行可视化交底。可将施工相关信息与 BIM 模型通过平台交付给技术人员，并构建施工相关的信息资料库，该资料库中具备工程中所有的资料、数据及材料情况，未来施工过程中，技术人员在选择一项施工材料后，平台可自动显示该材料的大小、质量、生产厂家、应用方法、图纸等信息，这种方式能够帮助施工单位迅速开展工作，同时也能保障交底工作效率。

4.3　水利工程隧道施工动态管理

在水利工程隧道 BIM 施工管理平台中，采用不同颜色来标识施工进度情况，共分为未建设、建设完毕、建设中 3 种形式，同时也支持自定义标识，包括按期完工、延期完工等形式，因此，采用平台进行管理能够更为直观地了解整体工程进展情况。

4.4　水利工程隧道施工安全评估

水利工程隧道施工对安全管理与评估的要求较高，在安全风险评估方面，水利工程隧道 BIM 施工管理平台具有极强的自动化、智能化优势，将工程情况上传至平台后，平台自动识别其中的地质情况与水文情况，并智能化判断该所属区域的风险，进行风险等级标记。同时，除了上述安全管理之外，水利工程隧道 BIM 施工管理平台最关键的是日常安全管理，通过对安全隐患进行可视化管理，从而进行安全隐患定位、查找、整改、预警等，可全面提升水利工程隧道施工安全水平。

4.5　水利工程隧道质量监督与控制

基于水利工程隧道 BIM 施工管理平台 4D 管理，能够将工程实施建设情况与技术质量要求相互关联，在进行检测后可以自动标识工程质量检测结果，共分为未检测、检测合格与检测不合格 3 种情况，各个区域之间的质量情况得以直观了解，对于水利工程隧道工程质量管理起到了积极作用。

5　BIM 技术在水利工程隧道施工管理中的应用效果

（1）搭建永久性隧道 BIM 模型，实现了优化性能、精细化实体结构。直观形象地检查出了设计图纸中的错、漏、碰、缺等问题，避免了施工中的返工，节约成本、缩短工期，保证了工程进度和质量。

（2）搭建场站 BIM 参数模型，实现了施工场地优化，提高了工作效率及场地利用率，减少了材料二次搬运，降低了生产成本。

（3）搭建 BIM 地质参数模型，可直观、准确、快捷地查看模型信息，实现了隧道所处山体围岩的可视化，可更加直观地了解围岩参数、状况，适时地调整施工方案，提高了隧道施工效率。

（4）通过搭建隧道监控量测的 BIM 参数模型，对超出质量、安全规范的施工部位进行动态预警及跟踪，大大提高了隧道施工质量及安全管理水平。

（5）利用 BIM 5D 管理平台，实时跟踪管理现场施工进度、质量、安全，实时进行施工现场动态模拟，按需形成精准的材料用量，使现场工程、质量、安全、材料、财务等管理部门实现了联动。

6　结语

在水利工程隧道中运用 BIM 技术，能够提升施工管理效率，与传统管理模式相比，BIM 平台能够全面整合设计环节与施工环节，避免二者相互脱离而造成的质量及安全问题。另外，实施 BIM 技术进行施工，能够保障施工各个环节的质量，通过实时质量管理加强水利工程隧道的安全性，为工程施工提供技术保障。

参 考 文 献

[1] 刘钧祥. BIM 技术在水利工程隧道工程中的应用研究 [J]. 国防交通工程与技术，2018，16 (4)：70-73.

[2] 张稳涛. BIM 技术在公路隧道施工管理中的应用研究 [J]. 工程技术研究，2018 (5)：186-188，218.

[3] 吴泽剑. BIM 技术在水利工程隧道施工中的应用研究 [J]. 价值工程，2018，37 (14)：249-250.

浅埋引水隧洞下穿公路施工位移变形数值模拟分析

黄青山

（中铁十七局集团第六工程有限公司，福建福州 350014）

摘 要： 新建浅埋隧洞下穿既有公路施工是隧洞建设过程中的技术难点和风险点。为了评估某引水隧洞下穿国道施工对国道的影响，本文首先在 AutoCAD 中建立几何模型，然后将几何模型导入 Workbench 平台，采用 Static Structural 模块对隧道开挖全过程进行数值模拟，基于数值模拟结果定量评价隧洞施工对国道的影响。模拟计算结果表明：①随着开挖的进行，隧洞围压变形不断增大，拱顶的位移由开始的 0mm 增长到 6.3mm，拱底的位移从 0mm 增长到 7.6mm；②随着开挖的进行，国道的竖向位移不断增大，最大位移出现在隧道正上方，达到 2.15mm；③隧洞开挖施工对国道影响较小。

关键词： 隧洞；下穿；位移；数值模拟

1 工程概况

引水隧洞开挖断面采用扩底圆形，开挖洞径 5.5m，底宽 4.0m，隧洞与国道发生交叉，两条线路轴线基本垂直正交，交叉处洞顶与国道路面净距 17.73m。交叉影响段输水隧洞保护范围起点位于国道北侧 50m 处，终点位于引水隧洞出口处，交叉影响段输水隧洞总长 120m，隧洞围岩岩性为流纹质晶屑凝灰熔岩，围岩岩性属工程坚硬岩类，洞室地质构造简单。

2 数值计算原理

有限元法是数值计算方法中发展较早、应用最广的一种方法。利用有限元法，可以解决经典的传统的方法难以解决或无法求解的许多实际问题。有限法实质是变分法的一种特殊的有效形式，其基本思想是：把连续体离散化为一系列的连接单元，每个单元内可以任意指定各种不同的力学形态，从而可以在一定程度上更好地模拟地质体的实际情况，特殊的节理元可以有效地模拟岩土体中的结构面。在大多数情况下岩土体材料应采用非线形模型，其中包括岩体弹塑性、蠕变、不抗拉特性以及结构面性质的影响。有限元法的重要步骤归纳起来，主要有以下几步：

（1）建立离散化的计算模型，包括以一定形式的单元进行离散化，按照求解问题的具体条件确定荷载及边界条件。

（2）建立单元的刚度矩阵。

（3）由单元刚度矩阵组集总体刚度矩阵，并建立系统的整体方程组。

（4）引入边界条件，解方程组，求得节点位移。

（5）求各单元的应变、应力及主应力。

1）平衡方程及应力边界条件如下：

$$平衡方程：\begin{cases} \dfrac{\partial \sigma_x}{\partial x} + \dfrac{\partial \tau_{yx}}{\partial x} + \dfrac{\partial \tau_{zx}}{\partial z} + X = 0 \\[2mm] \dfrac{\partial \tau_{xy}}{\partial x} + \dfrac{\partial \sigma_y}{\partial y} + \dfrac{\partial \tau_{zy}}{\partial z} + Y = 0 \\[2mm] \dfrac{\partial \tau_{xz}}{\partial x} + \dfrac{\partial \tau_{yz}}{\partial y} + \dfrac{\partial \sigma_z}{\partial z} + Z = 0 \\[2mm] \tau_{xy} = \tau_{yx}\, \tau_{yz} = \tau_{zy}\, \tau_{zx} = \tau_{xz} \end{cases}$$

$$边界条件：\begin{cases} \overline{x}_v = \sigma_x l + \tau_{yx} m + \tau_{zx} n \\[2mm] \overline{y}_v = \tau_{xy} l + \sigma_y m + \tau_{zy} n \\[2mm] \overline{z}_v = \tau_{xz} l + \tau_{yz} m + \sigma_z n \end{cases}$$

2）几何方程及位移边界条件如下：

$$几何方程：\begin{cases} \varepsilon_x = \dfrac{\partial u}{\partial x}\, \gamma_{xy} = \dfrac{\partial v}{\partial x} + \dfrac{\partial u}{\partial y} \\[2mm] \varepsilon_y = \dfrac{\partial v}{\partial y}\, \gamma_{yz} = \dfrac{\partial w}{\partial y} + \dfrac{\partial v}{\partial z} \\[2mm] \varepsilon_z = \dfrac{\partial w}{\partial z}\, \gamma_{zx} = \dfrac{\partial u}{\partial z} + \dfrac{\partial w}{\partial x} \end{cases}$$

边界条件：$u = u_s \quad v = v_s \quad w = w_s$

$$3）物理方程：\begin{cases} \varepsilon_x = \dfrac{\sigma_x - \mu(\sigma_y + \sigma_z)}{E} \\[2mm] \varepsilon_y = \dfrac{\sigma_y - \mu(\sigma_x + \sigma_z)}{E} \\[2mm] \varepsilon_z = \dfrac{\sigma_z - \mu(\sigma_x + \sigma_y)}{E} \\[2mm] \gamma_{xy} = \dfrac{\tau_{xy}}{G}\, \gamma_{yz} = \dfrac{\tau_{yz}}{G}\, \gamma_{zx} = \dfrac{\tau_{zx}}{G} \\[2mm] G = \dfrac{E}{2(1 + \mu)} \end{cases}$$

3　计算模型的构件

采用 AutoCAD 建立三维模型，然后将模型导入 Workbench，采用 Static Structural

模块进行数值模拟。

3.1 荷载及边界条件的确定

隧洞穿越岩石地层，初始地应力取自重应力。考虑隧洞埋深水平构造应力比较小，该模型采用位移边界条件，在数值模拟计算分析中，固定模型左右、前后及底面5个边界的位移，如图1所示。

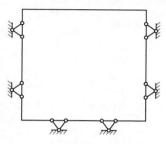

图 1　计算模型边界条件图

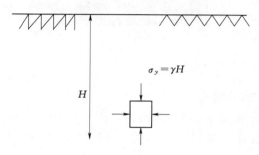

图 2　地应力场示意图

3.2 初始地应力的确定

隧道穿越的地层较浅，其构造应力一般都是比较小的。因此，对于隧道结构而言，自重应力场为最为不利的应力场。本文以自重应力场为主，进行原始地应力模拟，最大主应力为垂直方向，其值由埋深确定，计算式为 $\sigma = \gamma H$，最小主应力 $\sigma_2 = \sigma_x = \lambda \sigma_y = \mu/(1-\mu)\sigma_y$，地应力场示意图如图2所示。

3.3 模型尺寸

计算边界范围的大小对于计算结果有一定的影响。开挖只在洞周一定范围内引起应力重分布。根据已有经验，在均质弹性无限域中开挖的圆形隧道，由于荷载释放而引起的洞室周围介质的应力和位移的变化，在5倍洞径范围之外将小于1%，在3倍洞径之外约小于5%。由于隧洞顶与316国道路面净距17.73m，隧洞上覆岩体厚度约3.22倍洞径，故隧洞开挖对地表造成的影响较小，又因隧洞初期支护均为被动支护，所以此次模拟计算模型受力不考虑已开挖完成段落施

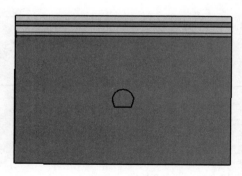

图 3　模型示意图

做的初期支护的影响，按未施工支护的不利条件进行模拟计算。依据工程的具体要求和离散误差以及计算误差，一般选取的计算范围沿洞径各个方向均不小于3～5倍洞径。此次分析采用的模型长60m，宽11m，高41.38m，如图3、图4所示。隧洞采用全断面开挖，循环进尺1m，模型下部洞身周围为流纹质晶屑凝灰熔岩，上部为素填土，国道位于上部中间位置，该模型共11个开挖步骤（见图5），在第6个开挖步骤时隧洞位于国道正下方。

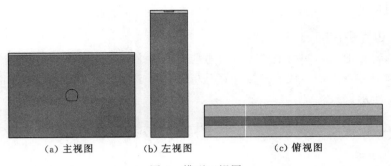

（a）主视图　　　（b）左视图　　　　　（c）俯视图

图 4　模型三视图

3.4　划分网格

采用 adaptive 划分网格，Relevance center 选择 medium，Relevance 选择 0，本文模型节点数为 49538，单元数为 9360，划分网格后的模型如图 6 所示。

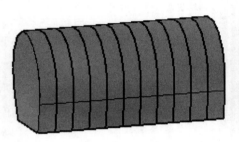
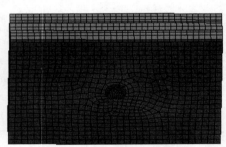

图 5　开挖步骤　　　　　　　　图 6　划分网格后的模型图

3.5　计算参数

该模型共有两层地层，力学参数见表 1。

表 1　　　　　　　　　　　　　　　力　学　参　数　表

地层	岩性	弹性模量/MPa	抗压强度/MPa	抗拉强度/MPa	密度/(g/cm³)	黏聚力/MPa	内摩擦角/(°)
第一层（1m）	素填土	3	0.008	0	1.8	0.007	20
第二层（16.73m）	流纹质晶屑凝灰熔岩	8.1×10^4	120	20	2.6	28	46

4　计算结果

4.1　隧洞位移变形情况

隧洞开挖后会扰动围岩初始应力，从而出现二次应力重分布现象，形成隧洞的位移变形。该模型模拟隧洞围岩在开挖完成应力重分布以后，其竖向的位移变化，具体云图如图 7～图 13 所示。

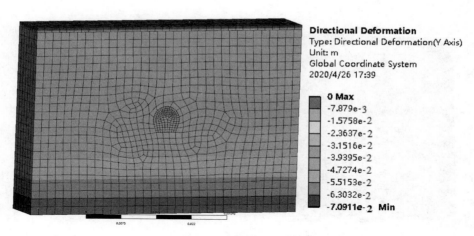

图 7　初始地应力云图

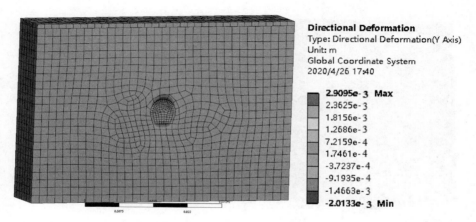

图 8　第 1 个开挖步骤 y 方向云图

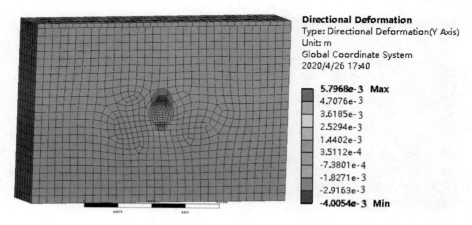

图 9　第 3 个开挖步骤 y 方向云图

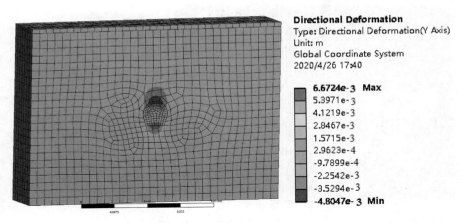

图 10　第 5 个开挖步骤 y 方向云图

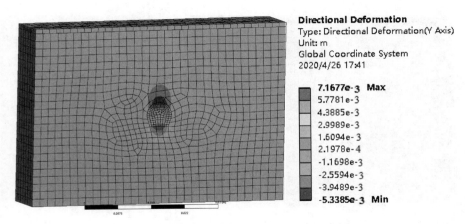

图 11　第 7 个开挖步骤 y 方向云图

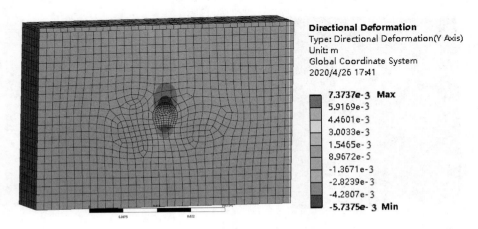

图 12　第 9 个开挖步骤 y 方向云图

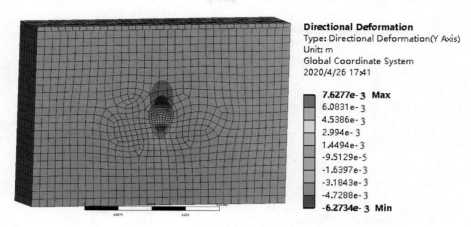

图 13　第 11 个开挖步骤 y 方向云图

　　图 7 为初始地应力云图，图 8～图 13 为 y 方向位移计算结果云图，随着开挖的进行，隧洞断面位移变化结果见表 2。

表 2　　　　　　　　　　　　　　　　　隧洞断面位移变化结果

项　　目	初始状态	第 1 步开挖	第 3 步开挖	第 5 步开挖	第 7 步开挖	第 9 步开挖	第 11 步开挖
拱顶下沉/mm	0	2.0	4.0	4.8	5.3	5.7	6.3
底部隆起/mm	0	2.9	5.8	6.7	7.2	7.4	7.6

　　根据数据可以看出，在开挖完成后，隧洞出现明显的拱顶沉降及拱底隆起现象，其中模型拱顶最大位移变形量为 6.3mm，拱底最大位移变形量为 7.6mm。同时随着开挖的进行，围岩的塑性区不断增大（扰动区），开挖断面顶部沉降、底部隆起位移不断增大。

4.2　316 国道位移变形情况

　　隧洞开挖结束后，隧洞顶地表国道竖向的位移变化分布如图 14～图 19 所示。

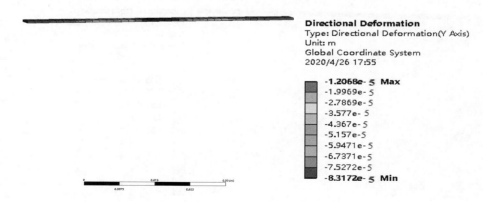

图 14　第 1 个开挖步骤 y 方向云图

　　由图 14～图 19 计算结果可得国道路面位移变形结果，见表 3。

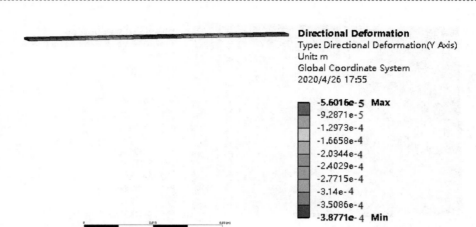

图 15　第 3 个开挖步骤 y 方向云图

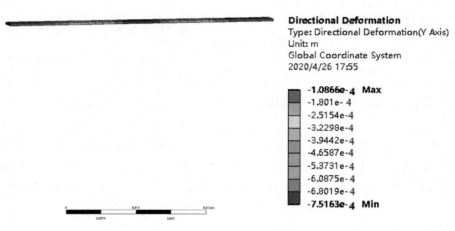

图 16　第 5 个开挖步骤 y 方向云图

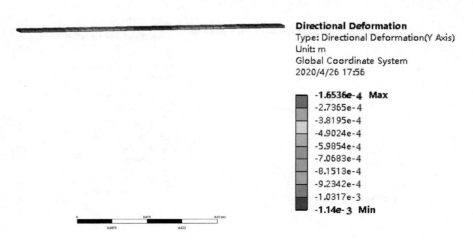

图 17　第 7 个开挖步骤 y 方向云图

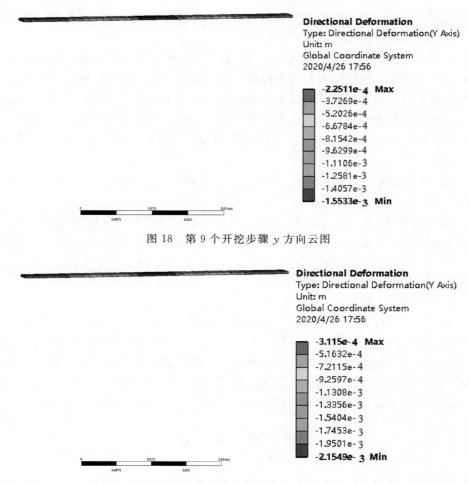

图 18　第 9 个开挖步骤 y 方向云图

图 19　第 11 个开挖步骤 y 方向云图

表 3　　　　　　　　　　　　国道路面位移变形结果

项　目	初始状态	第 1 步开挖	第 3 步开挖	第 5 步开挖	第 7 步开挖	第 9 步开挖	第 11 步开挖
交叉处正上方 国道路面位移/mm	0	−0.08	−0.39	−0.75	−1.14	−1.55	−2.15

　　根据数据可以看出，在隧洞开挖过程中，交叉点处地表国道的沉降随着开挖的进行不断增大，在开挖至国道正下方时，沉降速率最大。模型开挖引起的最大沉降值为2.15mm。同时随着开挖的进行国道的位移变形不断增大。

5　数据分析

　　根据模拟计算结果，在交叉段开挖施工时，隧洞拱顶最大沉降变形值为 6.3mm，隧洞开挖允许相对位移值取 0.2％洞径，隧洞拱顶沉降预警值为 11mm，开挖时沉降变形满足要求；同时地表国道最大沉降值为 2.15mm，公路路面沉降允许值为 30mm，开挖施工时满足沉降变形要求。由于随着开挖的进行，沉降变形在逐渐变大，故仍需采取以下措施确保国道正常通行以及施工安全。

（1）施工过程中严格遵循"短进尺、弱爆破、强支护、勤观测"的原则进行施工。

（2）做好交叉点处国道路面及隧洞拱顶的位移监测工作，及时分析位移随时间的变化情况，若拱顶沉降超过预警值，则需采用喷混凝土封闭工作面，在对工作面后方及工作面顶拱围岩进行小导管预注浆加固后再进行开挖施工；若出现位移急剧加大的异常情况，则需立即停止作业，撤出人员，做好洞顶国道的隔离，待制定好安全的处理方案后再进行施工。

（3）交叉影响段施工期间必须严格限制通行车辆载重量，防止车辆超载对交叉段施工造成影响。

（4）施工期间交叉影响段国道前、后2.0km范围内需设置必要的路障、适当的照明、警告信号和标志牌等交通安全设施，便于提醒车辆减速或绕道通行。

6　结语

本文通过对引水隧洞下穿国道施工过程建立模型，采用有限元分析计算隧洞在下穿施工时的位移变形，计算结果表明，在开挖完成未支护的最不利工况下，洞顶位移变形及地表国道的位移变形均满足规范要求，不会对运营公路造成不利影响，但随着开挖的进行以及时间的增加，围压塑性区、国道的变形不断增大，所以在开挖完成后需及时进行支护施工，并在国道路面采取安全布控措施，以确保公路的正常运营及隧洞的施工安全。

参 考 文 献

[1] 耿萍，曾冠雄，郭翔宇，等. 近场脉冲地震作用下穿越断层带隧道地震响应［J］. 中国公路学报，2020，33（5）：122-131.

[2] 皇民，赵玉如，苑俊杰，等. 浅埋双洞错距山岭隧道洞口段地震响应试验研究［J］. 公路交通科技，2020，37（3）：96-104，113.

[3] 于富才，张顶立，王文波，等. 隧道围岩变形的时空特性研究［J］. 铁道学报，2020，42（3）：139-146.

[4] 包小华，章宇，徐长节，等. 双线盾构隧道施工沉降影响因素分析［J］. 重庆交通大学学报（自然科学版），2020，39（3）：51-60.

[5] 张运良，孙宁新，毛雨，等. 软弱夹层对隧道光面爆破效果影响机理研究［J］. 铁道科学与工程学报，2020，17（1）：148-158.

[6] 赵慧龙，宋战平，王军保. 某矿山法施工隧道下穿公路数值模拟分析［J］. 现代隧道技术，2019，56（S2）：340-346.

[7] 李思，卢锋，高刚刚，等. 重叠下穿既有人防洞的公路隧道力学特性及稳定性分析［J］. 现代隧道技术，2019，56（S2）：362-367.

[8] 王元明. 基于ANSYS对输水隧洞结构的有限元分析［J］. 甘肃水利水电技术，2018，54（10）：115-118.

水工隧洞进口超浅埋下穿村道施工工艺

刘 宣

（中铁十七局集团第六工程有限公司，福建福州 350014）

摘 要：本文结合福建省平潭及闽江口水资源配置工程闽江竹岐进水口隧洞进洞口下穿村道施工实例，介绍了隧洞进口超浅埋下穿村道时的注意事项。从交通改道、管棚施工、控制爆破减少振动和地表注浆加固保证交通通行讨论隧洞下穿村道时采取的措施，尽量减少对交通的影响。通过多方面的技术手段保障隧洞施工不影响交通，进而保证工程顺利施工。

关键词：近距离下穿；管棚施工；地表注浆

1 工程概况

闽江竹岐—金水湖隧洞长 1425.471m，桩号为 ZJ0+007.000～ZJ1+426.471，其中 ZJ0+007.000～ZJ0+025.000 段与 316 国道至唐举村乡村道路 1.8km 处路段发生交叉，两条线路交叉角度为 56°，隧洞暗挖下穿现有村道处埋深 1.8～2.6m，属超浅埋隧洞。隧洞进洞口与村道平面图如图 1 所示，隧洞进洞口剖面图如图 2 所示。

闽江竹岐进水口进洞段采取"明做套拱、暗挖隧洞"的方法施工，洞口段采用台阶法开挖。超前支护措施采用大管棚与小导管相结合的方式。大管棚长度为 30m，环向间距 30cm；小导管长度为 4m，环向间距 30cm，布设于大管棚间，其纵向间距 1.5m。初期支护采用钢拱架支护形式，主要支护内容包括 C25 喷混凝土、ϕ25 锁脚锚杆、ϕ6.5 钢筋网、Ⅰ16 工字钢钢拱架等，二次衬砌采用 C25 混凝土，厚度为 55cm。

2 工程施工难点

（1）闽江竹岐—金水湖隧洞进口隧洞埋深浅，与村道交叉段埋深在 1.8～2.6m，属超浅埋暗挖。由于村道交通无法断行，行车动荷载对隧洞施工影响较大，如何减小行车动荷载为工程施工治理的难题之一。

（2）闽江竹岐—金水湖隧洞进口环境复杂且受地形条件限制，线路难以调整，下穿段与村道斜交，斜交套拱的施工为工程施工的另一难题。

长管棚一次打设完成，管棚依次穿过挡墙、村道回填土层、山体等多个地层，因此对管棚打设精度要求较高。如何根据不同地质条件控制管棚角度是工程施工的又一难题。

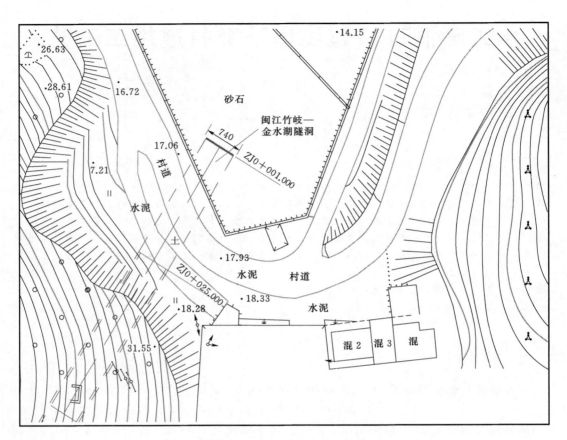

图 1 闽江竹岐—金水湖隧洞进洞口与村道平面图

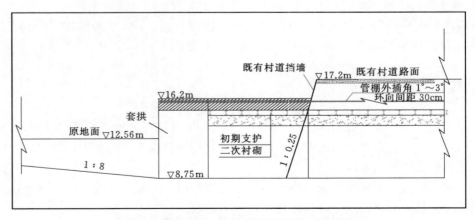

图 2 闽江竹岐—金水湖隧洞进洞口剖面图

3 进口下穿村道施工方案

3.1 施工步骤

（1）原有路临时改道，村道挡墙及地表注浆。

（2）套拱及管棚施工。

（3）ZJ0＋001.000～ZJ0＋016.000 段初期支护分台阶开挖支护。

（4）ZJ0＋001.000～ZJ0＋016.000 段衬砌施工。

（5）C30 钢筋混凝土盖板施工。

（6）恢复原道路通车。

（7）ZJ0＋016.000～ZJ0＋025.000 段初期支护分台阶开挖支护。

（8）ZJ0＋016.000～ZJ0＋025.000 段衬砌施工。

3.2 施工工艺和施工工法

3.2.1 原有路改道、注浆作业

（1）地质勘探确定改道线路，减少行车动荷载影响。确定改道线路前，进行地质勘探，详细掌握地质资料，根据实际地质情况确定最佳改道线路，确保改道后行车动荷载对隧洞的影响降至最低。

（2）挡墙注浆、地表加固是保证管棚施工质量的前提，确保挡墙与管棚受力体系的转换。为保证达到地表注浆板结效果和加固挡墙的目的，应注水泥砂浆，如图 3 和图 4 所示。

图 3 村道地表注浆板结　　　　　　　　图 4 挡墙注浆加固

（3）注浆参数通过现场试验确定，施工时根据实际情况作相应调整。挡墙注浆与地表注浆应分别做试验以确保注浆参数满足现场要求。注浆过程中时刻关注注浆情况，并根据注浆情况调整注浆的参数及配比。

3.2.2 套拱及管棚施工

（1）套拱基础承载力应满足要求，若承载力不满足要求则应进行换填处理或扩大基础。套拱长度以短边为限，斜交剩余部分喷混凝土覆盖保护套管，如图 5 和图 6 所示。

图 5 套管测量定位   图 6 虚拟套拱施工

（2）套管编号后，先施工编号为奇数的钢花管，注浆后再施工编号为偶数的钢花管，如图 7 所示。

图 7 管棚安装及注浆   图 8 右侧挡墙拱脚实验

3.2.3 隧洞进口段施工

（1）布置变形观测点，确保安全。挡墙拆除前，对挡墙进行监控量测，取得拆除前的初始数据。在整个拆除过程中，对拱顶下沉及地表沉降进行不间断观测，以保证隧道的安全。

（2）进行拆除试验，确保拆除安全。挡墙在拆除过程中整体受力体系转换，为防止洞口因应力突变发生失稳，在挡墙拆除前，先选取一侧拱脚进行拆除试验，观测隧道变形量和变形速率，如图 8 所示。

（3）隧道变形量和变形速率在正常范围内时，逐步拆除挡墙，拆除挡墙时进行不间断检测。严禁挡墙整体拆除，以防止洞口突然失稳，倒塌伤人。

（4）变形稳定后，分析监控量测结果，确定洞口的稳定性。

（5）洞口稳定后进行隧洞开挖，严格控制爆破工艺和掘进方案，仰拱开挖需及时跟进，以保证隧道周边围岩及时形成拱形环闭受力；及时施做二衬混凝土（包括仰拱混凝土），以有效促进洞口及洞身安全稳定。

3.3 隧洞超浅埋暗挖下穿注意事项

（1）做好周围地质勘探，掌握详细的地质资料，分析周围荷载情况，制定切实有效的方案减少对外界的影响。

（2）严格按照上述进洞步骤进行，切不可洞口同时拆除，防止因体系转换应力过大，造成洞口支护失稳倒塌。

（3）做好拆除过程中的安全防护工作，拆除过程中严禁施工人员、机具设备通过，防止坠物伤人。

（4）洞口拆除过程中，拱顶下沉异常时，应暂停拆除并采取加固措施。特别异常时，应立即发出警报，撤离洞内人员。

（5）下穿段分一期通过阶段、二期恢复道路掘进阶段，每一阶段均应等到结构强度达到100％后方可进入下一工序。

4 结语

闽江竹岐—金水湖隧洞进洞口超浅埋下穿村道是一个成功的例子。洞口段地质错综复杂，必须根据现场地理环境进行合理设计，采取综合措施，注浆是基础，监控量测是顺利进洞的保障。隧洞进口段施工需要结合周围环境，不断探索行之有效的操作方法，以保证工期及控制成本。

参 考 文 献

[1] 王伟，蔡玉洁. 浅埋暗挖法施工技术在公路隧道施工中的运用分析 [J]. 科学技术创新，2021
  （13）：102-103.
[2] 王景彪. 浅埋暗挖电力隧道穿越砂卵石地层时地上建筑物沉降控制研究 [J]. 建筑技术开发，
  2021，48（6）：59-61.
[3] 张立明. 浅埋暗挖法隧道施工技术及其地面沉降控制 [J]. 工程技术研究，2021，6（5）：97-98.
[4] 刘松地. 地铁浅埋暗挖法超近距穿越邻近建筑物施工技术探讨 [J]. 建筑技术开发，2021，48
  （4）：28-29.

小断面超长距离隧洞施工技术应用

杨 攀

（中铁十七局集团第六工程有限公司，福建福州 350014）

摘 要： 小断面长距离隧洞因其断面小、单头掘进长，造成工程施工难度增加、施工成本加大，特别在施工通风、施工供电、出渣运输距离、施工循环时间、效率降低、洞内排水等方面增加了难度，为解决好隧洞的各项辅助施工措施，避免超长距离隧洞施工对现场施工环境安全及施工人员职业健康造成隐患，本文结合现场工程实例，介绍采取加强现场辅助措施的主要施工技术（包括通风、通电、降尘、排烟、出渣、排水等措施），以确保施工安全。

关键词： 小断面；超长距离；辅助施工措施；施工技术

1 工程概况

金水湖—溪源溪隧洞（JX0＋000.000～JX12＋402.194）洞长 12402.194m，其中有支洞 3 处，分别是竹岐支洞（JX0＋724.908），洞长 200.97m；林洋支洞（JX5＋188.145），洞长 397m；可溪支洞（JX10＋636.154），洞长 259m。林洋支洞—可溪支洞段（JX5＋188.145～JX10＋636.154）洞长 5448m，其中下穿向莆铁路应急段（JX9＋954.228～JX10＋636.154）洞长 682m（已施工），可溪支洞上游下穿向莆铁路临近段（JX9＋015.000～JX9＋954.228）洞长 939m（铁路代建，未招标），林洋支洞下游—临近铁路段洞长 3827m。原设计由林洋施工支洞及可溪施工支洞双头掘进施工（主洞单头掘进 2724m），受铁路施工界面范围及支洞划分影响，林洋支洞下游段需单头掘进，长度达 4224m（林洋支洞长 397m，下游段主洞长 3827m）。引水隧洞开挖断面采用扩底圆形，开挖洞径 5.5m，底宽 4.0m；林洋支洞开挖断面为 4.2m×4.0m（宽×高）的城门洞形。

2 工程特点

该工程的主要特点如下：

（1）隧洞开挖断面较小。开挖工作面小，开挖难度大，运输条件差，场所有限，如何快速出渣及洞内运输是该工程施工重点、难点之一。

（2）工期紧，任务重。隧洞单头掘进长，通风困难，机械化作业程度低，施工干扰大，难以平行作业。

（3）支洞纵坡较大。引水隧洞地质条件复杂，地下水丰富，突涌水等尤为突出，在施工时反坡排水困难比较大。

3 主要施工技术措施

3.1 施工通风加强措施

由于隧洞单头掘进长度达 4224m，断面空间有限，经研讨并通过对施工现场、工艺等方面的综合考虑，选择以压入式为主的通风方式。同时，通风方案分阶段布设，即按支洞、主洞掘进长度和单独压入式通风无法满足要求时分别考虑。第一阶段支洞洞口至掘进到 800m 时，采用 1 台 2×110/40/20kW 风机位于支洞洞口向隧洞掌子面直接送风，期间采用二级供风；第二阶段掘进至支洞口 800～1500m 时，采用 1 台 2×110/40/20kW 风机向隧洞上、下游掌子面直接送风，期间采用三级供风；第三阶段掘进至支洞口 1500～3000m 时，期间采用三级供风，但由于通风距离过远，在主洞下游距离支洞口 1500m 处串联 1 台 2×37kW 轴流式通风机，在串联风机位置前安设一段 50m 长的刚性风筒，防止风筒出现缩径情况，同时在隧洞内间距 500m 左右，增加局扇通风机向外排污风，局扇风机采用 2×15kW 的射流风机；第四阶段掘进至支洞口 3000～4224m 时，采用三级供风，分别在主洞下游距离支洞口 1500m 及 3000m 处串联 1 台 2×37kW 轴流式通风机，在串联风机位置前安设一段 50m 长的刚性风筒，防止风筒出现缩径情况，同时在隧洞内间距 500m 左右，增加局扇通风机向外排污风，局扇风机采用 2×15kW 的射流风机。风筒选取直径 1.2m 的高强力布基风筒，风管安装应顺直，尽量减少弯折变形，使用过程中注意通风管的保护，避免造成机械摩擦，破损的通风管要及时修复或更换。

3.2 洞内降尘加强措施

利用开挖台架安装水雾帘幕降尘装置，在火工品装药完成并退出开挖台架后开启降尘设备，开挖台架退至掌子面后 40m 左右，以不影响装渣作业为宜，确保水雾降尘及出渣能够平行作业。同时配备 1 台 3m³ 雾炮车，在每次隧洞爆破完成后，安排雾炮车先行驶入隧洞内，对洞内全线进行洒水降尘。

3.3 施工排水加强措施

根据对支洞与主洞坡度、设计出水量、供电线路负荷及排水费用等方面的考虑，林洋支洞下游排水施工主要分三个阶段进行安排：第一阶段，支洞开挖排水期水量较少，采用两级排水，采取移动泵站和固定泵站结合的形式进行接力排水；第二阶段，主洞开挖排水期水量逐渐增加，采用两级排水，在支洞和主洞交叉口附近设置一处 10m×3m×2.5m 的集水坑，配置 3 台 55kW 离心泵，其中 1 台备用，2 台 55kW 水泵为一组，并联一根排水管，排水管选取 φ200 排水管；第三阶段，主洞采用固定的泵站进行接力排水，每隔 500m 设置一个集水坑，配置 2 台 11kW 离心泵，其中 1 台备用，泵站之间采用 φ100 排水管长距离输送，施工掌子面积水采用临时集水坑来收集，小集水泵采用 1 台 3.5kW 抽水机，用 φ80 消防软管将积水收集并输送至最近的集水泵站内，统一汇集到最后一级排水泵站传递至洞外污水处理池。

3.4　排风加强措施

为加强洞内空气流通，经现场实地勘察，结合地形条件、排风距离及排气孔深度，分别在主洞 JX6＋525.000、JX6＋526.000 位置正上方设置 1 座 DN90 排气孔，排气孔深度约 270m，主洞 JX6＋525.000 位置距离临近铁路 A 段起点 2490m，排气孔孔口位置位于竹岐乡崎头附近，现场有既有道路可直达排气孔口位置，设备进场方便，采用绳索取芯钻机进行钻孔施工，钻孔施工完成后在孔内设置 DN90 排气管，孔口位置设置 C25 混凝土基础及排烟通风设备，C25 混凝土基础尺寸为 2m×1m×0.5m（长×宽×厚），排烟通风设备选用 1 台 DWT 屋顶轴流式通风机。

3.5　施工用电加强措施

引水隧洞作业面小，隧洞内用电设备功率较大且线路较长，这就造成掌子面电压降比较大，不能满足现场设备施工需要。因此，根据现场实际情况及隧洞整体计划安排，在林洋支洞下游段实施高压进洞方案，在洞内设置高压配电设施，然后由高压变为低压，提供施工作业电能。根据现场用电情况及用电设备的分布情况，在距离支洞洞口 2.2km 的范围内直接采用隧洞外的低压电，2.2km 以后段落采用高压进洞技术，确保施工顺利进行，该隧洞 2.2km 以后段落施工时机械功率之和最大为 305kW，变压器的容量应不小于施工总用电量，又以变压器承受的用电负荷达到额定容量的 60％左右为最佳，故隧洞内选择 1 台 500kVA 的变压器即可。高压电缆挂设在道路顶面以上 5m 左右，并沿隧洞线路方向每隔 4m 设一电缆挂钩，将高压电缆线进洞延伸至 JX6＋991.000 处，在该位置设置 1 台 500kVA 三相变压器及相应的配套设备，洞内变压站设置在避车洞内，不占用洞内道路，避车洞的设计尺寸比变压器安装的安全尺寸要大，故避车洞就应按照变压器安装的安全尺寸进行开挖。

3.6　出渣加强措施

林洋下游段隧洞开挖为整个工程的关键线路，工期非常紧张，且由于隧洞线路长，开挖断面较小，通风、排烟非常困难，进度保证存在一定的难度，经多次施工技术措施方面的探讨，采用加密错车道的措施，以保证出渣效率，出渣错车道设置由原方案每隔 150m 一处变更为每隔 100m 一处。同时，在施工过程中要加强机械设备的检修保养，保持设备工况良好，减少废气排放量，洞内出渣道路也要经常维修，如果道路不平整，则会增大车辆行驶阻力，造成排放的污染物增多。

3.7　其他辅助加强措施

配备有毒、有害气体检测仪，实时监控掌子面有害气体及氧气的含量，同时在掌子面附近配备防毒面具及氧气袋，以备应急之用。

4　结语

结合该工程现场实例并查询类似工程施工经验，小断面超长距离隧洞施工要根据实际情况选用有效的通风、通电、降尘、排烟、出渣、排水等施工技术措施，同时还要合理选用施工机械，以便隧洞施工的顺利进行，保证施工质量、安全、环保、健康、高效，以达到最佳的技术经济效果。

参 考 文 献

［1］ 严腾飞. 小断面长距离引水隧洞施工中的通风技术［J］. 山西水利科技，2016（3）：67-69.

［2］ 郝利军. 浅谈隧洞内长距离高扬程抽排水方案的制定与实施［J］. 四川水力发电，2017，36（3）：87-90.

［3］ 王智. 小断面长距离引水隧洞施工技术应用分析［J］. 中国高新技术企业，2016（2）：126-127.

小断面引水隧洞施工测量控制技术

李　瑞

（中铁十七局集团第六工程有限公司，福建福州　350014）

摘　要： 本文以福建省平潭及闽江口水资源配置工程第 1 标段引水隧洞施工为背景，结合该项目实践经验，介绍小断面引水隧洞施工测量控制技术，从洞内外平面控制、高程控制及施工放样等方面介绍测量过程中的一些注意事项，达到在施工中快速、高效、准确测量目的，以确保引水隧洞的顺利贯通。

关键词： 引水隧洞；控制测量；方法

1　工程概况

闽江竹岐—大樟溪引水线路总长 38201.176m，其中输水隧洞 3 段总长 37164.963m（闽江竹岐—金水湖隧洞长 1419.471m、金水湖—溪源溪隧洞长 12402.194m、溪源溪—大樟溪隧洞长 23343.298m）；其中 JX0＋000～JX7＋736 为平洞，洞底坡度为 0，其余段落最大坡度为 0.587‰，最小坡度为 0.171‰，隧洞开挖洞径为 5.5m，断面采用平底圆形，底宽 4.0m。

2　平面控制测量

2.1　观测前准备

静态外业观测前结合项目设计交桩的控制点完好情况进行现场排查梳理，特别注意控制点的稳定性和卫星信号接收情况，对于已破坏的点位，如该点位对网形及施工有用，则采取就近补设原则，对于点位密度不足的区域进行布点加密。观测前结合投入的 GPS 接收机数量、控制网的精度和控制点数量对观测网形进行设计。平面控制网网形按大地四边形或者三角形组网设计，采用边连接方式，连续推进。选取基线构网时，考虑以邻近点之间的短边传递为佳，连接边尽量不选择太长的边。

2.2　GPS 平面测量

采用 GPS 静态观测，按照《水利水电工程施工测量规范》（SL 52—2015）中四等 GPS 测量技术要求进行观测，平差按照四等精度指标进行控制。观测过程中天线应严格整平对中，每时段开机前和关机后各量一次天线高，取两次的平均值作为最后的天线高。观测时外业记录簿上应详细记录测站点号、观测日期、天气情况、时段号、记录者、观测时段开始及结束时间、接收机类型及编号、天线高等，以便内业处理时方便查询原始记录。

2.3 数据处理

对基线进行解算，如满足规范要求，则用专业 GPS 平差软件进行平差处理；如不满足规范要求，则需重新进行外业测量。外业观测的全部数据应经异步环、同步环及复测基线检核合格后，在 WGS-84 坐标中进行三维无约束平差，最后再进行二维约束平差，将平差成果与设计交桩成果进行比对分析。

3 高程控制测量

3.1 观测前准备

外业观测前结合设计交桩的水准点完好情况进行现场排查梳理，对施工有用的破坏点进行恢复，对于密度不够的工区进行布点加密，数量视需要而定，可利用测区已有的平面控制点兼作高程控制点，加密标石埋设后，需经过一段时间的稳定后再进行观测。

3.2 高程测量

严格按照《水利水电工程施工测量规范》（SL 52—2015）中三等水准测量技术要求进行观测，根据各测段往返测高差计算每千米高差偶然中误差和各水准线路闭合差，并以此计算每千米高差全中误差，计算结果需满足规范要求，最后对测量结果与设计交桩的水准高程点数据进行对比，得出结论。

4 坐标系统换算

根据《水利水电工程施工测量规范》（SL 52—2015）要求，平面控制网的坐标系统宜与规划设计阶段的坐标系统一致，也可根据需要建立与规划设计阶段的坐标系统有换算关系的施工坐标系统，坐标成果应投影到隧洞的平均高程面上，以该项目为例，隧洞的平均高程面：取该标段起点里程 ZJ0＋000 处设计高程 12.5m，出口里程 XD23＋343.298 处设计高程 2.5m 进行平均，平均高程为 7.5m。坐标成果按中央子午线 120，投影大地高 7.5m 进行转换。设计坐标系投影面高程为 0，与施工平均高程面相差 7.5m，因此投影面高程对边长变形影响甚微，考虑到设计图纸均按设计坐标系设计，该标段施工坐标系不作投影改正，直接沿用原坐标系。

5 洞内控制测量

5.1 控制点布设

引水隧洞跟高速、高铁上的隧道较大不同之处在于断面尺寸小、无仰拱、二衬少等，洞内控制点布设难度大，容易被破坏，在布设时一般遵循以下原则：控制点应布设在施工干扰小、稳固可靠的地方；控制点间视线应离开洞内设施 0.2m 以上，并避开用电器、强光源、热源、淋水等地方；边长宜控制在 200~300m，特殊地段另作考虑；用油漆在墙壁上喷射对应的里程、位置及编号，点位编号要清晰有规律，避免点号重复。

5.2　洞内控制网形

针对该标段隧洞数量较多且长度较长的特点，结合隧洞内控制测量、参数和指标限差

图 1　交叉式双导线网网形

等要求，隧洞内平面控制网采用交叉式双导线网，网形如图 1 所示。观测方法为：第一站在洞外经复测后的控制点上架设全站仪，在洞外其他两个经复测后的控制点和洞内控制点 1、控制点 1′上架设棱镜。第二站在控制点 1 上架设仪器，在进洞点、控制点 2 和控制点 2′上分别架设棱镜进行观测。在实际观测过程中为了减少架设次数，保证观测精度，可按照 1、1′、2、2′⋯⋯设站。

6　施工放样测量

以该标段金水湖—溪源溪段隧洞 JX0+000~JX7+736 为例，该段隧洞为平洞，坡度为 0，采用在隧洞安装激光仪的方法进行施工放样测量，如图 2 所示。

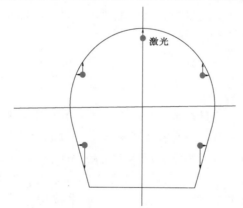

图 2　施工放样测量

具体操作方法为：利用全站仪免棱镜功能在隧洞轮廓面上测出几个主要点，如隧洞中心点、圆弧中心点、起拱线点、直线中心点等，安装激光仪，使激光仪发出的激光与全站仪测出的点重合，同时安装激光仪时利用全站仪边复核边调试，直到数据无误后方可投入使用，激光仪需离掌子面 $100\sim150\mathrm{m}$，以减少爆破震动的影响。激光仪安装调试复核无误后，将数据详细交底给开挖班人员，钻工每排炮将按照激光指向钻孔施工，每隔一周左右对激光进行一次复核。此方法的优点有：利于提高光爆效果，减少测量工序时间，快速高效准确施工，一个测量人员可以同时监管 $2\sim3$ 个作业面，从而减少测量人员的投入，节约成本。此方法适用于平洞、坡度较小的隧洞以及地铁车站侧墙等的施工。

参 考 文 献

[1]　水利部. 水利水电工程施工测量规范：SL 52—2015 [S]. 北京：中国水利水电出版社，2015.

[2]　国家质量监督检验检疫总局，国家标准化管理委员会. 全球定位系统（GPS）测量规范：GB/T 18314—2009 [S]. 北京：中国标准出版社，2009.

[3]　国家质量监督检验检疫总局，国家标准化管理委员会. 国家三、四等水准测量规范：GB/T 12898—2009 [S]. 北京：中国标准出版社，2009.

自动抽排水系统在水利隧洞工程中的应用

房传新

（中铁十七局集团第六工程有限公司，福建福州　350014）

摘　要： 目前长大隧洞反坡排水大多采用人工抽排水，如果隧洞涌水量大，且设置多级抽水设备，就需要投入大量的劳动力，从而造成成本投入大，占用资源多。本文结合在水利隧洞工程中的应用实例，阐述在隧洞排水中反坡自动抽排水系统的应用，可供相关隧道工程在抽排水方面借鉴和参考。

关键词： 长大隧洞；自动抽排水系统；反坡；水利隧洞

0　引言

目前水利隧洞施工中，多采用设置反坡支洞（或支洞作为后期调压井）设计方案，增加工作面，满足工期、通风等要求，这就不可避免地存在洞内反坡抽排水的问题，一般洞内都是采用电动抽水设备进行人工抽排水。但在隧洞施工过程中由于围岩裂隙水、地下水、地表水及季节性气候条件等不同，致使隧洞内涌水量存在极大的不确定性，从而引起隧洞抽排水的频率也不尽相同，这就需要安排多人进行管理和进行抽排水工作，从而产生大量的人工成本。

一般在抽水系统设计时，为防止隧洞大面积积水，影响洞内道路通行和正常施工作业等，均按洞内最大涌水量考虑水泵选型，这样就导致设备选型的功率一般较大，正常抽排水时的富余量就多，致使在整个抽排水过程中水泵一直处于高负荷运行，造成大量的资源浪费。

在福建省平潭及闽江口水资源配置工程中的金水湖—溪源溪输水隧洞施工过程中，通过现场实际调查研究，并结合该隧洞工程水文地质、设计特点、隧洞涌水量和该地区季节性特点等，采用隧洞反坡自动抽排水装置结合多级抽排水系统，具有投入劳动力少、能耗低、节省大量成本等优点。

1　工程概况

金水湖—溪源溪隧洞长 12402.2m，设支洞 3 处，分别是竹岐支洞、林洋支洞和可溪支洞。林洋支洞进洞口桩号 D0+000.000 地面高程为 60.0m，与主洞接入点 F_1 桩号 D0

＋397.000 地面高程为 14.05m。支洞进洞口至主洞接入点直线长度为 397m，支洞设计坡度 D0＋000.000～D0＋168.177 为 25.69％，D00＋168.177～D0＋397.000 为 1％，支洞洞挖断面为 5.2m×4.7m（宽×高，方圆形），主洞单向最大掘进长度为 3.8km，纵坡 1.01％，设计开挖断面为马蹄形，即平底圆形，洞径 5.5m，底宽 4.0m。

工程所属区域属亚热带季风气候，全年气候温和，雨量充沛。年平均气温、月平均气温均在 10℃ 以上，冬季很短。极端最高气温为 40.3℃，出现在 7 月，极端最低气温为 －5.0℃，发生在 1 月。年平均相对湿度为 76％～80％。区域年平均降水量为 1758mm，最大年降水量为 2365mm，最小年降水量为 1197mm。多年平均月降水量自 1 月起逐月增加，6 月达到最高，而后减少。雨量显著地集中在 3—8 月，全年大致可分为 4 个时期，即 3—4 月为春雨期，5—6 月为梅雨期，7—9 月为台风雷雨期，10 月至次年 2 月为干季。其中，梅雨期为主要降水季节，约占全年降水量的 36％。造成该区域大范围降水的天气，主要有风雨和台风雨两类。

林洋支洞、主洞身多处于弱～微风化岩体中，地下水水位埋藏于弱风化带岩体中上部，隧洞开挖过程中根据围岩地质构造有渗水、地下水、地表水、裂隙水、涌水等现象，隧洞总体地质条件较好。

2 总体排水方案

林洋支洞及上游正洞排水均为反坡排水，因支洞纵坡较大，难以自然排水至洞外，支洞采用机械抽排水，设置两级泵站接力排水系统，排水泵站容水量为 60m³，在 D0＋168.000 点设置一处泵站（1 号泵站），在主洞与支洞交叉口设置一处泵站（2 号泵站）。因主洞相对纵坡小，主洞设置集水井，集水井每 200m 设置一个，集水井容水量为 6～8m³。

隧洞掌子面积水采用移动式水泵抽至临近集水井内，集水井之间已施工地段出水经单侧排水沟自然流排至集水井，经过集水井抽水泵逐级抽排到 2 号泵站水池内，2 号泵站集水由工作泵将水经输水管路抽排至前一段泵站内（1 号泵站），如此接力抽排到洞外污水处理池，然后再经三级沉淀池处理后排放。泵站容量按最大涌水量积水 12min 进行设计，并综合考虑施工遇到的特殊情况、清淤及雷暴雨、台风等极端天气雨水倒灌等具有应急能

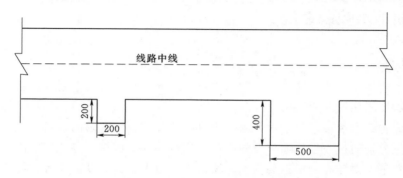

图 1 泵站、集水井平面布置示意图（单位：mm）

力来综合确定。泵站、集水井平面布置示意图如图1所示，泵站、集水井现场实景图如图2所示。

图 2　泵站、集水井现场实景图

3　设备选型配套

在设备选型上，考虑到排水的水量、水中的溶解、漂浮物及具备一定的储备能力，因隧洞排水中包括地下水及施工钻孔废水，水质除地下水本身成分外，主要还有石硝、爆破炸药溶解物、泥浆以及隧道支护喷射混凝土的回弹料、掺杂物等，由此确定选用污水潜水泵。

根据隧洞综合涌水量计算，排水管网选用ϕ120mm钢管，泵站需选用功率至少60kW的水泵。但因隧洞涌水量的不定期性，持续采用大功率水泵长期运行将带来大量的电耗，增加了施工成本，造成一定的资源浪费，故泵站采用3台22kW水泵，利用自动控制系统根据水量大小自动控制水泵开启的数量。

随着隧洞开挖进尺度的加深，自掌子面向洞外集水井、泵站间存在的涌水、渗水等出水点多，水量增大，考虑到在日常操作管理、维修上的方便，泵站选用3台22kW同型号水泵，集水井采用2台7.5kW同型号水泵。掌子面积水采用移动式水泵进行抽排，实际操作根据掌子面水量大小选用5kW和7.5kW两种型号，并根据水量的大小在数量上予以增减。

4　自动抽排水控制系统

4.1　工作原理

该控制系统使用泵站的3台水泵和集水井的2台水泵，通过控制器控制来实现自动化抽水，结构示意图如图3所示。

泵站中设置3台水泵，每个水泵由一个自动开关控制该水泵的开启和关闭工作，各水泵的自动开关分别通过一根软绳与泵站中不同高度的浮球连接，各浮球的高度不等，来控制水泵使用数量，浮球高度根据洞内水的流量大小考虑，其高度可通过软绳长度调整。每个水泵出水口通过输水分管道与单向阀连接，单向阀再通过输水分管道与输水主管道连

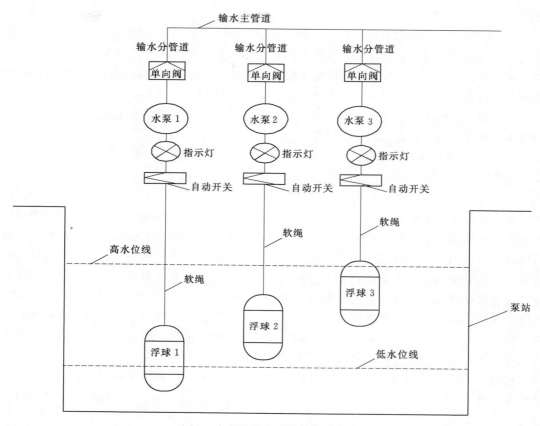

图 3 自动抽排水系统结构示意图

接，单向阀控制水流仅向输水主管道方向流动，水流通过输水主管道出口排至隧洞外。

该系统的自动控制原理是，通过悬浮球本身带有一定重量且能在水中自动浮起，当水量在低水位线以下时，浮球 1 因自重自然下垂，通过软绳拉动自动开关，断开电路，水泵 1 停止工作，水量超过低水位线后，浮球 1 因浮力上浮，软绳松动，自动开关闭合，启动水泵 1 抽排水；水量继续增大时，浮球 2 上浮，软绳松动，自动开关闭合，启动水泵 2 抽排水；水量再增加时，浮球 3 上浮，软绳松动，自动开关闭合，启动水泵 3 抽排水。

该自动抽排水控制系统可用于隧洞中具有高差的多个不同高度和同一水平高度的泵站或者集水井的接力抽排水，简单地将泵站（集水井）内的水通过自动抽排水装置和输水主管道逐级送到下一级泵站或者集水井，直至抽排到洞口沉淀池。该隧洞洞内的积水，均是通过该自动控制系统实现了多级接力排水和斜井中的高差排水。

4.2 运行管理

（1）系统正常运行后，由隧洞值班人员负责统一管理，值班人员仅需做好日常巡检，巡查内容主要是自动排水装置运行情况、水泵及泵站（集水井）内淤泥淤积状况等，发现有问题，及时安排人员处理，无须参与具体抽水工作。

（2）现场电工在每天内日常巡查时需对系统的通电线路状况进行检查，确保用电线路畅通、安全。

（3）该系统使用的水泵虽然是污水泵，但长时间不进行清淤，会导致在进水口处产生淤积堵塞，为此在设计泵站和集水坑时，均在泵站和集水坑处采用在高压风管上留一个带阀门 $\phi 50\text{mm}$ 的出风口，不定期地利用高压风对进水口进行冲洗，防止污泥的淤积，同时巡查人员也要不定期地对泵站或者集水井内杂物进行清理。

（4）为防止污泥及杂物进入水泵或者输水管路造成堵塞，现场水泵安置在钻设小孔的铁桶内，可有效防止管道和水泵的堵塞问题。

5　总结

隧洞排水是隧洞施工过程中的一项重要工作，如果抽排水解决不好，将直接影响到施工进度，也带来了一定的安全隐患，尤其是反坡排水，具有相当大的难度。目前长大隧洞反坡排水大多仍是采用常规的人工操作机械抽排水，施工中如涌水量大，设置接力抽排数量多，这就需要安排大量劳动力参与抽排水，造成人力、财力耗费大。本文结合水利隧洞施工过程自动抽排水的应用实例，介绍了隧洞自动抽排水系统，该系统重在体现"节能、经济、实用"的原则，与常规抽排水相比，减少了大量人力，降低了电力消耗和损失，节约了施工成本，同时也大大减少了由于施工人员错误操作或者工作不到位造成误工，或者因抽排水不及时造成水灾，以致带来重大的经济损失。

该自动抽排水系统实用性强，通过该工程实施的试验，经济、节能等效果明显，目前已在全线推广使用，该自动抽排系统对在建的长大隧洞及地下工程也具有一定的借鉴意义。

参　考　文　献

[1]　水利部. 水工隧道设计规范：SL 279—2016 [S]. 北京：中国水利水电出版社，2016.
[2]　水利部. 水利水电工程施工通用安全技术规范：SL 398—2007 [S]. 北京：中国水利水电出版社，2007.
[3]　杜令玺，杜令钊. 水利工程小断面隧洞综合开挖支护方案与措施 [J]. 四川建材，2019，45 (12)：127－128.
[4]　冯兴龙. 隧道陡坡斜井抽排水施工技术 [J]. 山西建筑，2018，44 (28)：153－155.

输水隧洞下穿西气东输天然气管道影响研究

李　佳　李玉志

（浙江省隧道工程集团有限公司，浙江杭州　310007）

摘　要： 为了研究输水隧洞下穿天然气管道对天然气管道运行的影响，使用 FLAC3D 数值模拟软件建立输水隧洞下穿天然气管道模型，研究了输水隧洞开挖后模型的应力分布和管道的沉降，研究结果表明隧洞开挖后应力影响范围为 10m，10m 范围外围岩呈现原岩应力状态，位于地表以下 4m 的天然气管道未受隧洞开挖应力影响，下穿点天然气管道最大下沉量为 0.184mm；根据《输气管道工程设计规范》（GB 50251—2015）及相关规定计算了天然气管道允许不均匀下沉量，并与数值模拟结果进行了对比。制定了天然气管道爆破质点振动速度和地表下沉量监测方案及三级预警机制，根据观测结果及时采取应急措施控制天然气管道振动速度和地表下沉量，以保障天然气管道的安全运行。

关键词： 数值模拟；输水隧洞；下穿；天然气管道；沉降

近年来，随着基础设施建设的进行，各地纷纷建设了大量的输水、输气管线及管廊等各种地下管线，这些管线投入运营后，后建的隧道、输水隧洞、地铁等地下工程在下穿既有管线时会对其造成影响[1-2]；隧道等地下工程开挖后会破坏围岩原有的应力平衡状态，引起上覆岩层应力的重新分布，达到新的平衡状态，应力的重新分布伴随着围岩的运动。而开挖造成的地层损失及围岩的运动会导致地表不均匀下沉，如地表下沉量超过管线允许的范围则会导致管线破坏[3-5]。

地铁隧道施工中常采用 Peck 公式计算隧道开挖引起的地表下沉量[6-7]，但是 Peck 公式应用前需要有工程所在地的实测资料，且 Peck 主要适用于浅埋隧道、软弱土层的地表下沉量计算，对于深埋隧道、坚硬岩层的适用性有待验证[8]。随着计算机仿真及数值模拟软件的发展，数值模拟软件已经能较为准确地模拟隧道开挖后上覆岩层的受力及运动状态。本文通过使用 FLAC3D 数值模拟软件模拟输水隧洞下穿输气管线时的围岩应力状态及地表沉降，研究输水隧洞开挖对输气管道的影响。

1　工程概况

福建省平潭及闽江口水资源配置工程第 4 标段（大樟溪—石溪输水线路）是福建省平潭及闽江口水资源配置工程的重要组成部分，属于 2 级建筑物，其设计洪水重现期为 50 年，校核洪水重现期为 200 年。第 4 标段由两部分组成：大樟溪—东张水库输水线路、东张水库—石溪输水线路。输水线路为暗挖输水隧洞，于2018年5月开工建设。

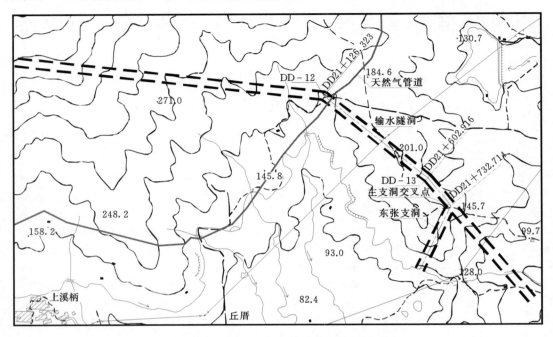

图1　输水隧洞与天然气管道位置关系平面图

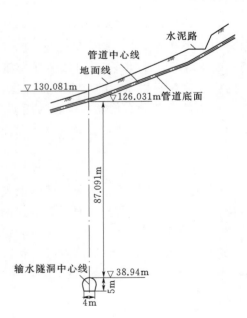

图2　输水隧洞与天然气管道
位置关系断面图

西气东输三线东段干线天然气管道（以下简称"天然气管道"）于2016年11月投入使用。管线设计压力为10MPa，现运行压力8MPa，为1根外径为1016mm的钢管，接口采用全焊接工艺，管线埋深4m左右。

大樟溪—东张水库输水隧洞开挖断面为4m×5m（底宽×直径）的扩底圆形，设计流量为16.8m³/s，隧洞下穿输气管道投影交叉点位于东张支洞上游577.743m处，下穿交叉位置桩号为DD21+154.971，隧洞顶板与天然气管道底面的高差为87.091m，输水隧洞与天然气管道位置关系如图1和图2所示。

地层岩性为英安质晶屑凝灰熔岩、砂砾岩等，隧洞区还分布有部分侵入岩，主要岩性有燕山晚期第三次侵入正长斑岩，大部分为坚硬岩分布，围岩类别为Ⅰ～Ⅳ类，总体围岩的稳定性较好。根据现场施工实际情况，Ⅰ～Ⅱ类围岩段不做支护，部分地质条件较差的Ⅲ类围岩爆破后采用系统锚网喷支护，待全线贯通后再用15cm厚的C20素混凝土找平，隧洞与管道交叉位置地质剖面图如图 3 所示。

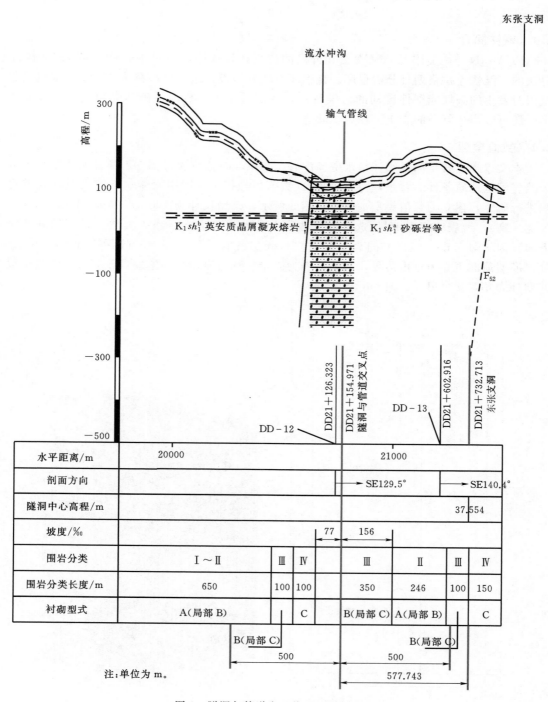

图 3　隧洞与管道交叉位置地质剖面图

2 FLAC3D 数值模拟

2.1 软件简介

FLAC3D 是由美国 ITASCA 公司开发的仿真计算软件，是一种基于三维显式有限差分法的三维快速拉格朗日分析程序。该程序能较好地模拟地质材料在达到强度极限或屈服极限时发生的破坏或塑性流动的力学特性，特别适用于分析渐进破坏失稳以及模拟大变形，还可以模拟复杂的岩土工程力学问题。

2.2 数值模型

本文以福建省平潭及闽江口水资源配置工程第 4 标段（大樟溪—石溪输水线路）下穿天然气管道地质条件为背景建立 FLAC3D 数值模拟模型，对引水隧洞下穿天然气管道影响进行研究，建立的数值模型如图 4 和图 5 所示，模型尺寸为 $100\text{m} \times 60\text{m} \times 130.6\text{m}$（长 ×宽×高），地表坡度为 $16°$，选取隧洞轴线方向为 y 轴方向，水平方向（垂直隧洞轴线方向）为 x 轴方向，竖直方向为 z 轴方向，天然气管道位于 $y=50\text{m}$ 平面地表以下 4m 处，模型顶部边界为自由边界，其余边界为固定位移边界，模型施加自重应力，整个模型共划分为 87500 个单元、91858 个节点。

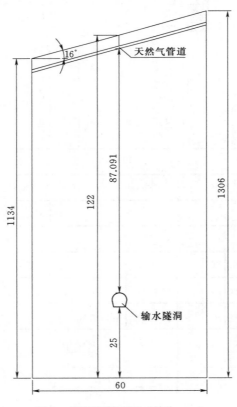

图 4　模型横断面图（单位：m）

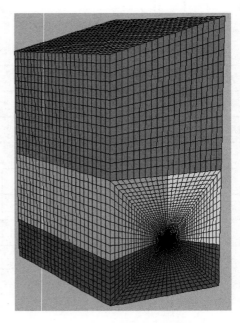

图 5　FLAC3D 数值计算模型

模型围岩采用摩尔-库伦本构关系，模型围岩的物理、力学参数根据福建省平潭及闽江口水资源配置工程地质报告选取，地质条件不详的围岩参数参考《工程地质手册》（第四版）中的有关规定进行选取[9-10]，各参数具体取值见表1；模型沿隧洞轴线方向推进100m，初始应力平衡后，每25m全断面开挖一次，不进行支护。

表1　　　　　　　　　　　　　　　岩层力学参数

围岩类别	密度/（kg/m³）	弹性模量/GPa	剪切模量/GPa	抗拉强度/MPa	黏聚力/MPa	内摩擦角/（°）
上覆岩层	2450	4.5	2.5	4.2	6.2	30
顶板	2600	6	4	5.3	7.8	45
底板	2680	8	6	6.5	8.6	45

3　模拟结果

3.1　初始地应力平衡

施加自重应力后的围岩初始地应力分布情况如图6所示。

模型每次开挖25m，共开挖4次，工作面共推进100m。图7、图8为工作面推进25m、50m、75m、100m时围岩垂直应力分布情况。

由图7、图8可以看出，随着工作面的推进，工作面前方围岩内出现了超前支承压力，围岩应力由原岩应力2.5MPa升高至3.5MPa，应力集中系数为1.4，超前压力影响范围为7m；工作面前方超前支承压力随着工作面的推进而推进，工作面后方应力分布重新平衡后，在顶拱、底板出现了卸压区，两帮出现了应力集中区。顶拱、底板卸压深度均为10m，即隧洞开挖应力的影响范围为10m，10m范围外围岩应力分布为原岩应力状态；隧洞两帮出

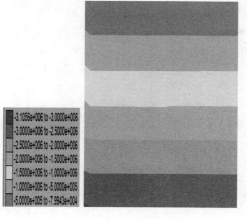

图6　围岩初始应力等值线图

现了应力集中，两帮应力由原岩应力2.5MPa升高至5MPa，应力集中系数为2，应力升高范围为2.5m，超过2.5m范围为原岩应力分布区。

由于隧洞开挖后应力影响范围为10m，10m范围外围岩呈现原岩应力状态，位于地表以下4m的天然气管道未受隧洞开挖应力影响。

图9为工作面推进25m、50m、75m、100m时围岩垂直位移情况。

图10为随工作面推进模型内不同位置垂直位移量。

由图9及图10可以看出，工作面开挖引起的顶拱、底板卸压导致隧洞顶拱出现下沉，底板出现底鼓，地表出现下沉。随着工作面的推进，顶拱下沉量、底鼓量、地表下沉量逐渐增加；顶拱下沉量及底鼓量云图呈现为以隧洞中心为椭圆长轴端点的分布曲线，隧洞应力重新平衡后，顶拱最大下沉量为1.04mm，最大底鼓量为1.05mm，下穿点天然气管道

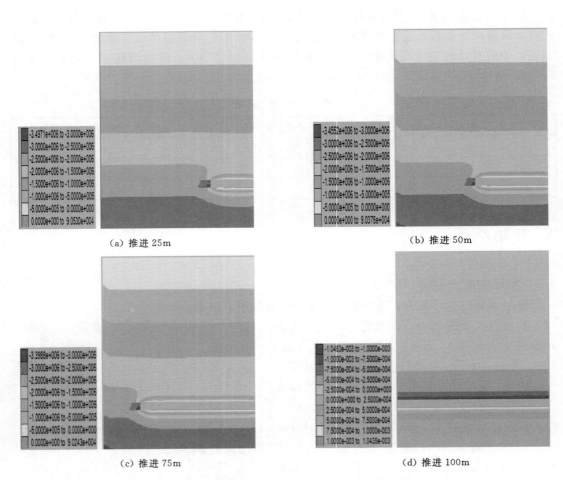

(a) 推进 25m　　　　　　　　　　　　(b) 推进 50m

(c) 推进 75m　　　　　　　　　　　　(d) 推进 100m

图 7　沿工作面推进方向垂直应力分布情况

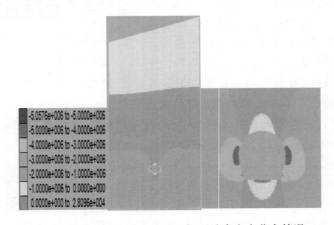

图 8　推进 100m 时 $y=50$m 切面垂直应力分布情况

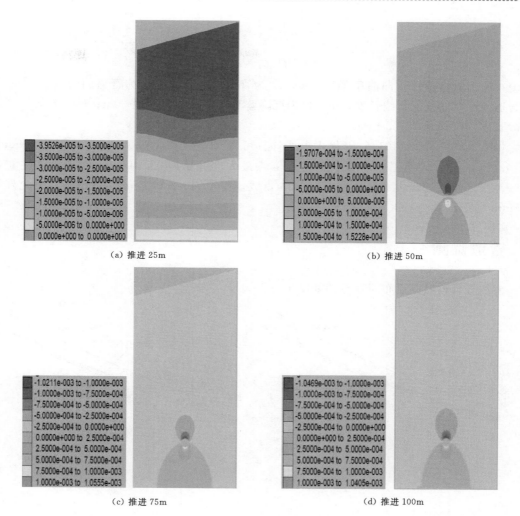

（a）推进 25m

（b）推进 50m

（c）推进 75m

（d）推进 100m

图 9　$y=50$m 切面垂直位移

最大下沉量为 0.184mm。

3.2　天然气管道允许沉降

　　根据《输气管道工程设计规范》（GB 50251—2015）的规定，垂直面弹性敷设管道的曲率半径不得小于钢管外径的 1000 倍，且应大于管子在自重作用下产生的挠曲线的曲率半径，计算公式为[11]

$$R = 3600\sqrt[3]{\frac{1-\cos\dfrac{\alpha}{2}}{\alpha^4}D^2}$$

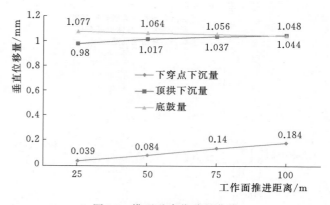

图 10　模型垂直位移量曲线

$$T=R\tan\frac{\alpha}{2}=\frac{L}{8}$$

$$h=2R\ (1-\cos\alpha)$$

式中：R 为管道弹性弯曲曲率半径，m；D 为管道外径，cm；α 为管道的转角，（°）；T 为管道弹性弯曲线的切线长度，m；L 为沉降监测点距离，此次取 50m；h 为天然气管道 50m 长度内沉降量差值，mm。

将 $L=50\text{m}$、$D=101.6\text{cm}$ 代入上式计算可得 $T=6.25\text{m}$，$\alpha=0.02°$，$R=35790\text{m}$，$h=4.4\text{mm}$。根据数值模拟结果，管道下穿点最大下沉量为 0.184mm，距离管道左右各 25m 范围内管道的最大下沉量为 0.182mm，数值模拟 $h=0.002\text{mm}$，远小于规定允许的 4.4mm 的极限值。

4　管道监测

天然气管道监测点布置示意图如图 11 所示。

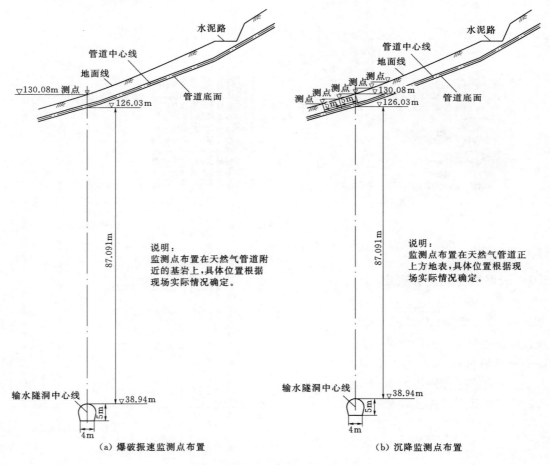

图 11　天然气管道监测点布置示意图

由于管道埋深 4 m 且已经投入运行，为保护天然气管道，根据现场实际情况，将爆破振速及沉降监测点布置在地表，以地表质点振动速度和地表沉降量监测代替管道振动速度和沉降量监测；选用 Blast - UM 型爆破测振仪测定质点振动速度[12]，DSZ2 自动安平水准仪及钢钢尺测量地表沉降量。

按照《西气东输管道两侧爆破施工管理作业指导书》第 5.1.8 条规定，天然气管道爆破振动安全允许振动速度如下：

（1）管道两侧各 200～500 m 范围爆破振动速度不大于 5 cm/s。

（2）管道两侧各 50～200 m 范围爆破振动速度不大于 2 cm/s。

监测单位对西气东输管道 50～500 m 范围的爆破进行 15%～20% 的爆破施工抽查监测，并按表 2 的监测频率进行，地表沉降监测按表 3 的监测频率进行。

爆破震动监测及沉降监测按照三级预警进行反馈和控制。三级预警机制判定见表 4 和表 5。

表 2 　　　　　　　　　　　　　爆破振动速度监测频率

实测振动速度	监测频率
允许爆破振速的 60% 以下	爆破 6 次，监测一次
允许爆破振速的 60%～90%	爆破 2 次，监测一次
允许爆破振速的 90% 以上	爆破 1 次，监测一次

表 3 　　　　　　　　　　　　　沉降监测频率

项目名称	仪器	监测频率
沉降监测	精密水平仪、钢钢尺	距离交叉点 50 m，1 次/天 距离交叉点 50～200 m，2 次/周 距离交叉点 200～500 m，1 次/周

表 4 　　　　　　　　　　　爆破振动速度监测三级预警机制判定表

预警级别	预警状态描述
黄色预警	实测振动速度在允许爆破振速的 50%～70%
橙色预警	实测振动速度在允许爆破振速的 70%～90%
红色预警	实测振动速度大于允许爆破振速的 90% 以上

表 5 　　　　　　　　　　　沉降监测三级预警机制判定表

预警级别	预警状态描述
黄色预警	$0.7U_o < u < 0.85U_o$ 且 $0.7V_o < v < 0.85V_o$；或 $0.7U_o > u$ 且 $0.85V_o < v < 1.00V_o$；或 $0.85U_o < u < 1.00U_o$ 且 $0.7V_o > v$
橙色预警	$0.85U_o < u < 1.00U_o$ 且 $0.85V_o < v < 1.00V_o$；或 $0.85U_o > u$ 且 $1.00V_o < v$；或 $1.00U_o < u$ 且 $0.85V_o > v$
红色预警	$1.00U_o < u$ 且 $1.00V_o < v$

注：U_o、u 分别为沉降控制值和实测值，V_o、v 分别为沉降速率控制值和实测值。

　　现场监测人员通过数据分析或现场观测发现异常情况后，应立即通知项目部，根据观测结果判定预警级别，及时采取相应的应急措施，控制天然气管道振动速度和地表下沉量，并上报相关领导部门。

　　2018年11月18日至2019年1月16日，项目部对地表沉降进行了监测，并请第三方监测单位对西气东输管线爆破振动速度进行了8次监测（见图12），监测结果见表6。

表6　　　　　　　　　　　　　　爆破振动监测结果

日　　期	振动速度/(cm/s)	距下穿点距离/m
2018 - 11 - 18	0.13	95
2018 - 11 - 30	0.03	50
2018 - 12 - 07	0.09	0
2018 - 12 - 12	0.02	35
2018 - 12 - 17	0.11	60
2018 - 12 - 25	0.01	90
2019 - 01 - 03	0	120
2019 - 01 - 16	0.01	195

图12　爆破振动监测

　　地表沉降监测未监测到沉降量，监测到的管线最大振动速度为0.13cm/s，下穿时管线的振动速度为0.09cm/s，远小于允许的2cm/s振动速度，隧洞安全、顺利地完成了下穿工作。

5　结论

　　（1）建立了输水隧洞下穿天然气管道的FLAC3D数值模拟模型，对下穿过程中模型应力及垂直位移情况进行了模拟。

　　（2）数值模拟结果表明，隧洞开挖后应力影响范围为10m，10m范围外围岩呈现原岩应力状态，位于地表以下4m的天然气管道未受隧洞开挖应力影响，下穿点天然气管道最大下沉量为0.184mm。

（3）根据《输气管道工程设计规范》（GB 50251—2015）及相关规定计算了天然气管道允许不均匀下沉量，数值模拟得出的结果远小于规定值。

（4）制定了天然气管道爆破质点振动速度和地表下沉量监测方案及三级预警机制，根据观测结果判定预警级别，及时采取应急措施控制天然气管道振动速度和地表下沉量，以保障天然气管道的安全运行。

参 考 文 献

［1］ 白伟，梁新权，张学民，等. 复杂条件下地铁隧道下穿燃气管线加固技术［J］. 交通科学与工程，2010，26（4）：30-34.

［2］ 谭信荣，陈寿根，王靖华. 软弱富水地层隧道下穿燃气管道变形控制［J］. 铁道建筑，2011，11：43-46.

［3］ 张玉石，刘远明. 顶部溶洞对贵阳轨道交通隧道围岩变形及衬砌内力研究分析［J］. 中国水运，2019（2）：72-74.

［4］ 朱正国，李兵兵，李文江，等. 新建铁路隧道下穿既有铁路施工引起的地表沉降控制标准研究［J］. 中国铁道科学，2011，32（5）：78-82.

［5］ 李卫平，王志杰. 隧道地表沉降测量方法研究与仿真［J］. 计算机仿真，2012，29（8）：357-359.

［6］ 张付林，寇晓勇，黄俊. Peck及其修正公式在类矩形隧道施工地表沉降预测中的应用［J］. 现代隧道技术，2016，53（S1）：189-194.

［7］ 韩煊，李宁，J R Standing. Peck公式在我国隧道施工地面变形预测中的适用性分析［J］. 岩土力学，2007，28（1）：23-28.

［8］ 任强，杨春英，徐薇. 地表沉降的双洞体叠加Peck公式及数值分析［J］. 安徽理工大学学报（自然科学版），2013，33（4）：78-82.

［9］ 王志良，刘铭，谢建斌，等. 盾构施工引起地表固结沉降问题的研究［J］. 沿途力学，2013，34（1）：127-133.

［10］ 余娟. 天然气埋地管道沉降理论与试验研究［D］. 广州：华南理工大学，2008.

［11］ 张昊. 天然气埋地管道的允许沉降变形量计算［J］. 上海煤气，2010（4）：14-15.

［12］ 秦浩，刘磊，张成良，等. 某连拱隧道爆破振动监测分析与预测［J］. 中国水运（下半月），2019，19（1）：208-209.

长距离输水隧洞施工期通风设计与管理

李　佳[1]　谢必承[2]　吕虎波[1]　刘　振[2]　林一庚[3]

（1. 浙江省隧道工程集团有限公司，浙江杭州　310030；
2. 福州水务平潭引水开发有限公司，福建福州　350001；
3. 福州城建设计研究院有限公司，福建福州　350001）

摘　要： 开挖输水隧洞将湖泊水源向城市供给，这类隧洞通常长度较长且隧洞断面较小；受限于地形和建造成本，支洞修建较少。长距离输水隧洞施工期通风方式对施工人员的安全和施工工期的控制影响极大。本文针对平潭及闽江口水资源配置工程，计算隧洞施工期通风量，对通风设施布置进行优化设计。为了更好地监测通风效果和掌握洞内污染物分布情况，开发了一套施工期隧洞通风监测系统。该案例可为长距离输水隧洞施工期通风设计提供参考。

关键词： 输水隧洞；施工期；通风设计；通风监测系统

0　引言

为了缓解城市用水困难，我国开始大量修建输水隧洞，将大型湖泊水源供给城市使用。输水隧洞工程一般深埋大、距离长、断面小，建设周期长。

输水隧洞施工期通风是保障施工人员安全和确保工程顺利进行的重要环节。对于长距离输水隧洞，为保证洞内良好的通风效果，确保各项有害气体的浓度均符合国家卫生标准要求，必须对施工期通风设计、监测与管理进行优化。

1　工程概况

福建省平潭及闽江口水资源配置工程是一项跨区域的重大水利工程，属于国务院推进建设的 172 项节水供水重大水利工程之一。工程第 4 标段（大樟溪—石溪输水线路）由主洞和多条支洞组成，隧洞累计长度高达 42078m。隧洞区主要属于构造侵蚀丘陵地地貌，沿线分布的地层岩性主要有流纹岩、凝灰岩、凝灰质砂砾岩、凝灰质砂岩等，埋深一般为 70～180m，最大埋深 520m。

工程区域属于亚热带海洋性气候，年平均降水量为 103～185cm，年平均气温为 19.7℃，年平均风速为 3.0m/s，年最大风速均值为 13.9m/s。年平均水面蒸发量为 110～140cm。

隧洞施工采用独头掘进，最长独头开挖距离高达 3.3km；输水隧洞断面面积为 16.4～21.2m²，断面较小。因此，隧洞的通风排烟难度大，同时该项目设置了与主洞相交的施工支洞以满足隧洞开挖进度需要，通风排烟经过此结合部位时，受其影响更大。

2 施工期通风量计算

通风量的计算应根据实际工程情况展开，通常计算稀释爆生炮烟、围岩内有害气体等所需的通风量和隧洞内作业人员所需的通风量[1]。

（1）洞内作业人员所需的通风量 Q_1：

$$Q_1 = kqn \tag{1}$$

式中：k 为风量备用系数，常取 1～1.25；q 为每一作业人员所需的通风量，取 3m³/(min·人)；n 为隧洞内同一时间作业人员的最多人数。

该项目中，k、q、n 分别取 1.1、3m³/(min·人) 和 20 人，计算得到 $Q_1 = 66$m³/min。

（2）爆破排烟所需的通风量 Q_2。爆破后排出炮烟所需的通风量计算以 CO 为基础，根据通风方式的不同，计算方法有所差异。

1）送风式。目前在国内隧道施工中常用的公式为[2]

$$Q_2 = \frac{7.8}{t} \sqrt[3]{G(AL_0)^2} \tag{2}$$

式中：G 为炸药量，kg；t 为通风时间，min；A 为断面面积，m²；L_0 为通风长度，m。

2）排风式。对于风机设在洞外采用硬风管的排风式通风，当风管末端到工作面的距离不大于 $1.5\sqrt{A}$ 时，计算公式为

$$Q_2 = \frac{0.254}{t} \sqrt[3]{\frac{GbAL_t}{C_a}} \tag{3}$$

式中：b 为单位炸药产生的 CO 量，L/kg；L_t 为炮烟抛掷长度，m；C_a 为要求达到的 CO 浓度，%。

该项目隧洞通风拟采用送风式，隧洞断面面积取最大值 21.2m²，同时起爆最大药量为 114.2kg，通风时间为 30min，通风长度取 30m。计算得到 $Q_2 = 93.29$m³/min。

（3）维持洞内最小风速所需的通风量 Q_3。隧洞内的风速由污染气体浓度降至安全值所需的通风量及断面大小决定。相关研究表明[3]，风速应在 0.3m/s 以上。确定最小风速后，通过下式可以计算通风量：

$$Q_3 = 60vS \tag{4}$$

式中：v 为排尘风速，m/s；S 为隧洞断面面积，m²。

该项目中，风速取 0.25m/s、S 为 21.2m²，计算得到 $Q_3 = 318$m³/min。

3 施工期通风设施布置

3.1 主洞与支洞

该工程隧洞开挖采用独头掘进，最长开挖距离为 3300m，包括输水主洞 2860m 和玉

林支洞长 440m。为确保爆破后排烟时间控制在 30min 之内，有害气体浓度达到规定标准，并供给施工人员足够的新鲜空气，由于隧洞开挖面单一，通风时间短，考虑最优成本，施工期采用压入式通风。压入式通风系统布置示意图如图 1 所示。

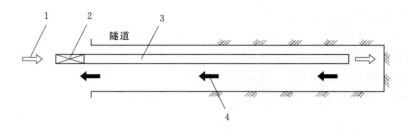

图 1　压入式通风系统布置示意图
1—新鲜空气；2—风机；3—送风管路；4—污浊空气

图 2　支洞洞口处通风设备

根据施工期通风量计算结果和实际工程特点，输水隧洞通风设备选用流式通风机，采取压入式通风，从支洞洞口引入新风。通风机参数：电机功率 $2 \times 30kW$，风量 $10.2m^3/s$，风压 6600Pa。风筒选用 $\phi 800 \sim \phi 1000$ 柔性风筒。支洞施工期，采用一台 $2 \times 30kW$ 风机和一道 $\phi 800$ 柔性风筒，从支洞洞口压入新风。进入主洞施工后，开设两个开挖断面，分别采用一台 $2 \times 30kW$ 风机和一道 $\phi 1000$ 柔性风筒，引入新鲜空气。当通风长度超过通风机送风能力时，增加一台压入式

通风机，采取接力式送风方式，以满足通风要求。支洞洞口处通风设备如图 2 所示。

3.2　风筒口位置

为了把新鲜空气送到工作面，应该将风筒口设置在离隧洞开挖面较近的位置，以求尽快排除有害气体至洞外。考虑到隧洞爆破开挖可能对风筒口造成破坏，风筒口距开挖面又不能过近。根据工程经验，风筒口距开挖面距离应设置在 30m 左右。

4　施工期通风监测与管理

为了更好地监测隧洞施工过程中，通风设备的通风效果和洞内污染物的分布情况，开发了一套施工期隧洞通风监测系统，配合隧洞中布设的监测设备，实时监控洞内环境，确保洞内环境符合规范要求，有效保护隧洞施工人员的身体健康。

该套系统主要是用来对隧洞施工期通风设备和通风效果进行监测和分析的，具体包含全隧洞通风机运行管理、通风效果检测等功能，还具有数据自动备份及上传功能，无须担

心发生数据丢失现象。主要功能界面如下：

（1）隧道三维视图。隧道三维视图是该系统的主界面，如图3所示。利用该界面可选择隧道模型和布局，输入隧道断面、支护、初始风量和初始风阻等特征参数；选择确定气体监测设备的安放位置；确定风速检测标准及报警值。

图3　三维视图界面

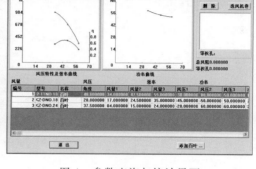

图4　参数查询与统计界面

（2）数据查看与统计。该功能界面如图4所示，通过此功能，可以对隧洞内通风设施的通风特性、效率与功率曲线、风量、风压等数据进行查询和统计。

（3）隧洞实时通风效果。使用该功能可以查看隧洞通风效果、通风实时数据和分析信息，并且根据实际的需求，单击对应的按键，进行相关的功能设置，如图5所示。

工程中利用自主开发的施工期隧洞通风监测系统，可以对隧洞施工过程中的通风效果进行实时监测；能够及时发现通风设备的

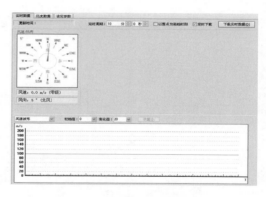

图5　通风实时数据界面

异常情况，提醒通风维修人员及时修缮；当污染物含量超出限值时，会发出报警。

5　结语

长距离输水隧洞施工期通风与施工人员的身体安全和施工工期的控制密切相关。结合现场施工实际情况，设计合理的通风设施，能够降低通风投入，保障洞内施工人员的身体健康，缩短爆破通风排烟时间和作业循环时间。

该项目根据实际工程情况，计算了施工期隧洞内所需的通风量，进而优化设置了通风设施。为了更好地监测通风效果和污染物分布情况，开发了一套施工期隧洞通风监测系统。确保了施工期通风设施的正常运行，排烟效果优良，对类似的长距离输水隧洞工程具有一定的借鉴意义。

参 考 文 献

［1］　邱铮. 长大铁路隧道施工阶段射流通风技术探讨［D］. 北京：中国地质大学，2008.

［2］　杨立新，洪开荣，刘招伟，等 . 现代隧道施工通风技术［M］. 北京：人民交通出版社，2012.

［3］　樊启祥，李毅，王红彬，等 . 白鹤滩水电站超大型地下洞室群施工期通风技术探讨［J］. 水利水电技术，2018，49（9）：110－119.